研削作業

ここまでわかれば

関東職業能力開発大学校
永野善己 [編著]

チェックシートで
あなたのレベルが
わかる

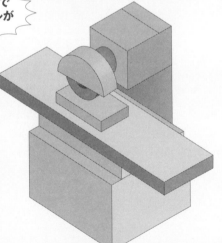

日刊工業新聞社

は　じ　め　に

　旋盤およびマシニングセンタを用いて工作物の加工を行った後、さらに高精度を要求するために研削作業は必要不可欠である。

　研削作業は、加工精度を求める場合や一般的な鋼材の他に難削材に対しても用いられる。研削作業に用いられる研削砥石は、研削盤への取付け取外しに対し安全教育を受講することになっており，エンドミルなどの切削工具よりも取り扱いが簡単ではない。NC旋盤やマシニングセンタと比較して，研削作業はNC化が進んでいない場合が多く作業者の技量に依存していると言われている。研削作業が作業者の技量に依存しているのは、工作機械の始動ボタンを押すだけでは解決できないノウハウが多く存在しているからである。ノウハウは、「原理原則」に基づいて積み上げていく必要がある。

　本書は、高齢・障害・求職者雇用支援機構で技術・技能の訓練を日々行っている指導員集団の蓄積している「原理原則」に基づいたノウハウを投入し、研削作業において「一人前」になるための技術・技能をまとめてある。本書を用いてノウハウを積み上げ研削作業における「一人前」になっていただきたいと思う。

　技術・技能を修得するためには、「何を何のために修得するのか」を事前に理解し、学んだ後に評価することが大切である。本書では、「一人前」の技術・技能者になるために必要な道筋を技術・技能の習得度で確認できるチェックシートを示している。到達目標を含めたガイドラインとして自学自習や社内教育訓練に効果的に活用していただき、研削作業に従事する方々のスキルアップにお役に立てれば幸いである。

　今回、このような出版の機会を提供いただき刊行に際して数々のアドバイスをいただいた日刊工業新聞社の森山郁也氏にこの場を借りて感謝いたします。

目 次

はじめに …………………………………………………… i

《プロローグ》「一人前」への道しるべ ……………………… 1

I 研削砥石の基礎知識
- ■チェックシート ………………………………………… 14
- 研削と切削の違い ……………………………………… 15
- 研削砥石の構成 ………………………………………… 19
- 砥石の周速度 …………………………………………… 31
- 超砥粒ホイール ………………………………………… 33

II 研削盤の種類
- ■チェックシート ………………………………………… 38
- 研削盤の分類 …………………………………………… 39
- 自由研削用グラインダ ………………………………… 40
- 機械研削盤 ……………………………………………… 42
- 特殊な研削加工技術 …………………………………… 56

III 研削現象
- ■チェックシート ………………………………………… 60
- 研削形態 ………………………………………………… 61
- 目こぼれ ………………………………………………… 62
- 目つぶれ ………………………………………………… 64
- 目づまり ………………………………………………… 69

IV 研削砥石の取付けと試運転

- ■チェックシート …………………………………… *72*
- 砥石の取扱いと保管方法 ………………………… *74*
- 研削盤と砥石の適合確認 ………………………… *75*
- 砥石の検査 ………………………………………… *76*
- 砥石とフランジの適合確認 ……………………… *77*
- 砥石のフランジへの取付け ……………………… *79*
- 砥石のバランスの取り方 ………………………… *83*
- 砥石の研削盤への取付け ………………………… *87*
- 研削盤の点検と試運転 …………………………… *90*
- ツルーイング ……………………………………… *96*
- 砥石の動バランスの取り方 ……………………… *99*
- ドレッシング ……………………………………… *101*
- 超砥粒ホイールのドレッシング ………………… *108*

V 被削材

- ■チェックシート …………………………………… *112*
- 加工材料の研削性 ………………………………… *113*
- 鉄鋼材料の基礎知識 ……………………………… *114*
- 鉄鋼材料の機械的性質 …………………………… *116*
- 温度変化による鉄鋼材料の組織変化 …………… *120*
- 鉄鋼材料の熱処理 ………………………………… *125*
- 研削性を悪くする組織 …………………………… *128*
- 各種鉄鋼材料の特性 ……………………………… *131*
- 非鉄金属材料 ……………………………………… *138*
- 脆性材料 …………………………………………… *142*
- 被削材から見た研削砥石の選び方 ……………… *144*

VI 研削加工のための切削油剤

- ■チェックシート …………………………………… *150*
- 切削油剤の効果 …………………………………… *151*
- 切削油剤の分類 …………………………………… *153*
- 切削油剤の選択 …………………………………… *154*
- 水溶性切削油剤の使い方 ………………………… *155*

VII 平面研削作業

- ■チェックシート …………………………………… *160*
- マグネットチャックの準備 ……………………… *161*
- 工作物の段取り …………………………………… *163*
- 砥石への工作物のアプローチ …………………… *165*
- 正六面体の研削手順 ……………………………… *167*
- 直角度の評価 ……………………………………… *173*
- サインバーによる角度出し ……………………… *177*

VIII 円筒研削作業

- ■チェックシート …………………………………… *182*
- 円筒研削と平面研削の違い ……………………… *183*
- 円筒研削盤の安全点検 …………………………… *185*
- ツルーイング・ドレッシング …………………… *187*
- テーブルの駆動 …………………………………… *189*
- 工作物の取付け …………………………………… *192*
- 外径研削 …………………………………………… *194*
- テーパ研削 ………………………………………… *201*

索引 …………………………………………………… *203*

編著者

永野 善己（ながの よしき）
独立行政法人 高齢・障害・求職者雇用支援機構
関東職業能力開発大学校 生産機械システム技術科 能開准教授

執筆者

〈プロローグ〉
小渡 邦昭
千葉職業能力開発促進センター高度訓練センター
素材・生産システム系 常勤嘱託職業訓練指導員

Ⅰ 研削砥石の基礎知識
刈部 貴文
京都職業能力開発短期大学校 生産技術科 講師

Ⅱ 研削盤の種類
伊東 仁一
秋田職業能力開発短期大学校 生産技術科 准教授

Ⅲ 研削現象
松下 博彦
千葉職業能力開発促進センター高度訓練センター 素材・生産システム系 講師

Ⅳ 研削砥石の取付けと試運転
緒方 秀俊
京都職業能力開発促進センター 機械系 講師

Ⅴ 被削材
森 州範
関東職業能力開発促進センター 機械系 講師

Ⅵ 研削加工のための切削油剤
永野 善己
関東職業能力開発大学校 生産機械システム技術科 能開准教授

Ⅶ 平面研削作業
緒方 秀俊
京都職業能力開発促進センター 機械系 講師

Ⅷ 円筒研削作業
永野 善己
関東職業能力開発大学校 生産機械システム技術科 能開准教授

《プロローグ》
「一人前」への道しるべ

1 研削作業のキャリア形成

　新興国から追随が日々増している日本の「ものつくり」現場では、より付加価値を付与するために日夜、創意工夫を行っている。「付加価値」の方向性の一つとして「高精度」という切り口からの視点で「ものつくり」を見ることがある。つまり、身近な例ならば「平面はより平面に仕上げる」を追求することでもある。

　日々、行っている作業で考えるならば、「当然」と考えることでもある。しかし、より観察するレベル（精度）を上げて考えて想像してみよう。

　我々の住む地球では、重力が存在するために、平面状の鋼材は「たわむ」ことになるので、容易に平面を作り上げることは難しい。しかしながら、我々は日々「完璧な平面」を目指しているのではないだろうか。

　このように平面を追求する加工法に**研削**といわれる加工法がある。簡単に言うならば、木工工作で接着などに必要な面を紙やすりで平面にすることのように、「砥石を用いて工作物の平面を加工する（工作物の厚みを整えるとともに、幾何学的に正しい平面度や両面の平行度を創り上げる）」ことが研削である。

　この要求に答えるべく、研削作業を行っている技能者は日々戦っているのである。「戦う」のであるから当然であるが戦う相手を十分に見極めることが求められる。このことが欠如するならば、要求に近づくことができない。そのためには、「相手を知る（敵を知る）」ことが、より重要な要因になる。

　このように地味な「戦い」の積み重ねでサブミクロン（$1\mu m$以下）、さらにはナノメートル（$1 nm = 0.001 \mu m$）の平面度を求めていくのである。平面を求めるために**平面研削盤**が利用されている。同様に、円筒やテーパ形の部品

プロローグ

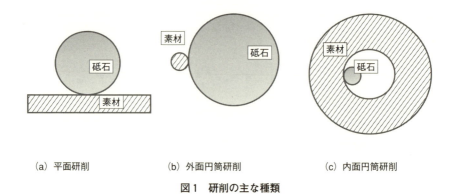

(a) 平面研削　　(b) 外面円筒研削　　(c) 内面円筒研削

図1　研削の主な種類

の外周面を研削することで真円度や円筒度を向上させることが可能な**円筒研削盤**などもある（図1）。このような究極を求める研削作業は近年、NC化されている。

しかしながら、「現に研削が行われている」現象は、汎用であろうがNCであろうが同じである。つまり、

　　　研削盤（機械）＋砥石（ホイール）＋被研削材料

の3つの要因が相互に関係して「最良の研削」が行われることである。その際の「研削条件」に対する作業者の姿勢が大きなポイントである。企業のノウハウといわれる「研削条件」に従って行うだけでなく、多様な条件下（環境・材料などによる差異）で行われるため、「なぜ、この条件で行うか」という視点での「研削作業」が必要となる。

これらに対応するためには、研削の方法（how to）の段階で止まることなく、なぜ、そのような条件や姿勢などが必要とされるか（why to）を理解された「研削作業」がますます必要とされる。さらに実際の作業の現場では、準備された研削盤、砥石、被研削材料以外の要因が出来栄えに影響している。

そこには、研削の原理・原則が多く関与している（図2）。多くの硬い砥粒が結合剤でまとめられ、それぞれの小さな砥粒が被加工材をほんの少しずつ研削して、切りくずを砥石の空間に格納することで、わずかな被加工材を削り取り加工精度の高いものを作り上げることが実現される。さらに、加工熱や振動、

「一人前」への道しるべ

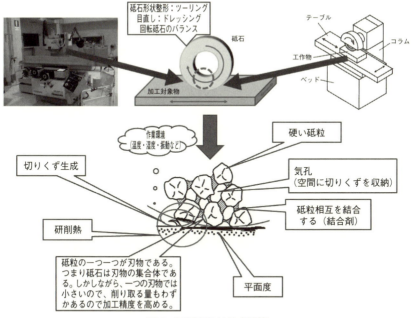

図2　研削を取り巻く環境

被加工物の固定方法、研削液の有無などが大きく影響している。したがって、熱伝導、材料力学、加工原理などを十分に理解しておく必要がある。さらに、回転する砥石のホイールバランスが崩れた状態での砥石の破損に関する安全などの知識・経験が必要である。

「一人前」とは、多様な要求にできる限り対応できる人であるが、そのためには、「現象の原理・原則」を土台として、生じる新たな課題やトラブルに対して、その方法や解決策を構築できることとも考えられる。その際、重要なことは、多くの経験や知識・技能を個々の事象として捉えることはもちろん、相互の事象の関連性をもたせることである。身近な例で考えるならば、「卵料理、肉料理、ご飯の炊き方」を個別に習得したからといって、すぐに親子丼を作ることはできないということから理解できる。

製造現場で「一人前」の最高峰といわれる高度熟練技能者の1人は、「一人前は、細切れの知識・経験が関係づけられ（リンク・ネットワーク）、全体と

プロローグ

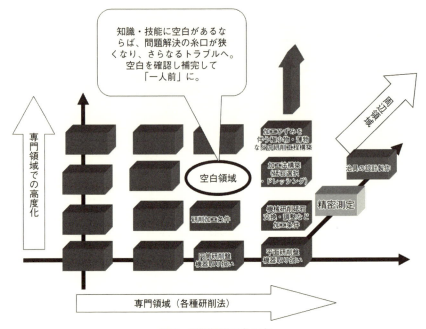

図3　技術領域の考え方

個別を行き来する見方ができること」と述べている。図3のように水平方向の専門領域を横糸で関連付け、それらを複合・発展させるために縦糸でつなぐようにして個々の狭い領域と全体像を有機的に行き来することである。

　これらの要素は、どれ一つ欠くことができない要素である。研削不良などにおいて、その原因を探る際には、これらの作業の流れと機械の動きの全体像を理解していることが重要となる。読者の皆さんは研削作業においても同様に一連の流れを頭の中で構築して作業を行っている。しかしながら、各プロセスにおいて必要十分の検討・確認を行っているであろうか。それが不十分であるために、不良やトラブルを誘発しているのではないだろうか。

　これは、作業を支える知識・経験・技術・技能が有機的に関連付けられていないことや、それらが不足していることが原因と考えられる。それらの重要性を各個人が理解し、縦糸と横糸を紡ぐように知識・経験・技術・技能を積み上

げることにより、はじめて本当の意味での「キャリア」の構築が可能になり、「一人前」になることができる。

　ここでは、研削作業の現場におけるキャリア形成を支援するロードマップを、「対象職務」、「能力形成時期」、「各種資格」の３つの観点で紹介する。

(1) キャリア形成対象となる職務と必要スキルマップ

　図４は、研削作業技能者の作業プロセスにおいて、図面解読から研削条件設定・安全作業、検査までの工程で必要となるスキル（知識・技能）を洗い出したものである。この全てが１人のキャリア形成の対象になるとは限らないが、いずれも研削作業現場における重要な職務である。

(2) 職務能力ロードマップ

　研削現場における各職務能力は、いつ頃までに身につければよいのだろうか。一定のイメージをもっていただくために、各職務能力の形成時期を例示したものが図５である。図中の矢印は、研削作業者からスタートした後のキャリアの道筋である。このキャリア道筋の全職務で熟達者になることは難しいかもしれないが、「一人前」を志向するならば、多くの職務については「３」レベルに到達することを目指すとよいだろう。

(3) 資格取得

　研削作業の現場において「平面研削盤で研削作業中、砥石に過大な力が加わって砥石が破裂し飛散した」などの事故が発生している。そのため、研削作業は労働安全衛生法において危険な作業と規定され、以下のような法令で特別教育が決められている。

　・労働安全衛生法第59条３項で、「事業者は危険又は有害な業務につかせるときは、該当業務に関する安全又は衛生のための特別な教育を行わなければならない」と規定されている。

　・労働安全衛生規則第36条１項で、「研削砥石の取り替え又は試運転の業務」が「危険又は有害な業務」とされ、事業者は労働者に「研削砥石の取り替え又は試運転の業務」を行わせる時は安全衛生特別教育を行わなければならない。

　これらの安全教育の上に、「平面研削盤作業」、「数値制御平面研削盤作業」、

プロローグ

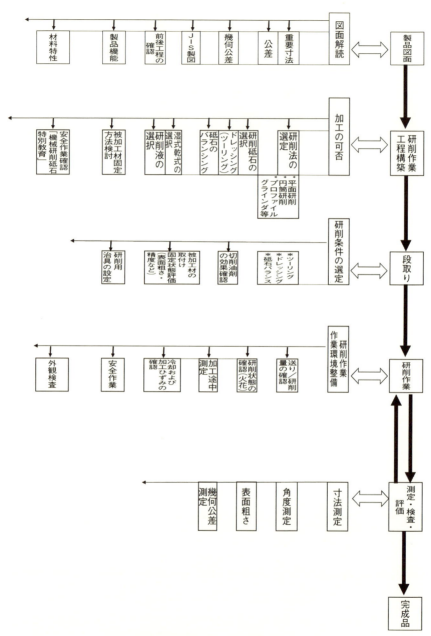

図4 研削作業現場における必要スキルマップ

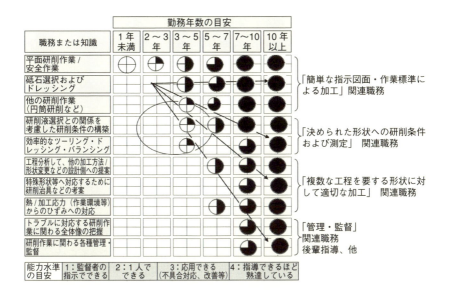

図5 職務能力ロードマップのイメージ

「円筒研削盤作業」、「数値制御円筒研削盤作業」、「心無し研削盤作業」の技能検定が実施されている。技能検定は1級、2級があり、2級取得後にさらなる経験年数で1級を目指すことになる。

技能検定を取得する際には、日常作業では直接関与が少ないが、経験を知識に変えるための裏づけとして必要とされる安全、材料、材料力学、電気、品質管理などの知識を補完することができるので大変有用である。

2 「一人前」の位置付け

本書で用いる「一人前」という表現は、研削作業現場に勤務する職業人を対象にしたものである。その位置付けは、人の成長過程ならびに各種検定資格等との比較で表1のように定義した。「一人前」はゴールではなく「通過点」であることを理解いただきたい。

プロローグ

図5　一人前の位置づけ

職業人	新米	半人前	一人前	ベテラン	現場の神様
研削作業・管理者	機械研削砥石特別教育	研削作業2級	研削作業1級	研削砥石の取替え等業務特別教育インストラクター	研削作業特級高度熟練技能者
技量水準	0	1	2	3	4

　図6にチェックシートへの記入要領を示す。主な記入手順は以下の通りである。

①対象分野の選定と記入日を記録

　対象となる分野（チェックシート）を選ぶ。本書には研削作業現場に関係の深い分野を一通りチェックシート化しているので、基本的には全てのチェックシートにマークすることをお勧めする。経験を重ねるとスコアはアップするの

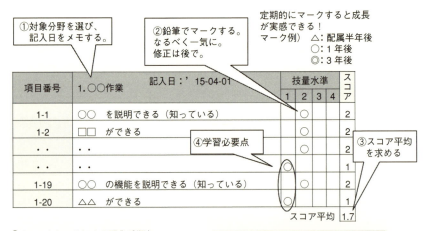

図6　チェックシート記入手順と技量水準の目安

で、記入日もメモしておこう。

②マーク記入は「鉛筆」で「一気」に行おう

マークを入れる際には、アバウトな感覚で良いから一気に記入する。律儀な人は悩み始めると筆が止まってしまうからだ。とりあえず埋めてしまうことが先決である。悩ましい箇所については、全ての記入が終わった後でゆっくり修正すればよい。修正を容易にするため、なるべく鉛筆でマーク記入することをお勧めする。

③スコア平均値の計算……スコア平均「2」未満は能力開発のチャンス到来！

記入を終えたら、スコア平均を算出する。スコア平均「2」以上を「一人前」の目安としている。該当分野の業務経験が浅い場合や、ものまね作業していた場合は、スコア平均が「2」に達しないことが多くなるが、がっかりする必要は全くない。

スコア平均「2」未満は、能力開発のチャンス到来を意味している。「学習必要分野」や「学習必要点」が明確になったことを喜べばよいのである。人は問題点や目標が具体的であればあるほど、その解決に向けて力を集中でき、能力の開発・向上が進むからである。

④学習必要点

スコア平均が「2」以上の分野でも、スコアの低い項目はあるはずだ。これも「学習必要点」である。学習必要点に該当する解説文を優先的に読み進めていただきたい。

⑤定期的記入を推奨

チェックシートへの記入は一定期間経た後に再度行うと効果的である。半年、1年後には変化がはっきり現れるはずだ。自己能力の定点観測を行うことにより、「継続は力なり」を実感できる。そのことが、さらなる挑戦への後押しとなるのである。

3 技能チェックシートの効果

(1) 自己評価の意義

資格検定や免許のように志願者を選別することが目的で厳格さを要求される試験では、試験官など他者による客観的評価が基本である。これに対し本書の目的は、読者1人1人の「気づき」と「やる気」を引き出し、「学び」のガイド役を勤めることにある。したがって、本書の技能チェックシートは読者各位の主観に基づく自己評価を前提としている。

(2) 技能チェックシート記入の効果

技能チェックシートへの記入には次のような効果が期待できる。
① マーキングにより自己スキル状況が把握できる。→「状況の可視化」
② スコア化により学習必要点が明らかとなる。→「目標の可視化」

自己評価に基づく「気づき」の素晴らしい点がここにある。人は「この項目が自分は弱い」、「学びたい!!」というような「気づき=アンテナ」が胸中に一端立ち上がると、その後は関連する経験や情報、会話にふれるたびに学ぼうとする力が湧き出てくるのである。チェックシートにより可視化された状況、目標を足掛かりに解説文を読み進めていただきたい。

4 チェックシートの活用

(1) 項目と技量水準……理想は自社用にカスタマイズ

チェックシートの各項目は、研削作業現場を担当している技能者が「一人前」と呼ばれる頃には「知っていてほしい」、「できてほしい」と思われる事項を公約数的にリストアップしたものである。社内で組織的にチェックシートを活用するような際は、項目の数や内容は、自社用に適宜、追加、削除などの改善をしていただくのが理想である。

(2) 項目表現のパターン

自社用に項目をカスタマイズする際は、次の2パターンを基本とすればよい。
A：作業行動要素は「〜できる」という表現形式

B:知識、判断要素は「～を説明できる」という表現形式。

　知識の判断要素は一般に「知っている」という表現が用いられるが、読者がチェックシートにマークする際のことを考えると、「知っていますか？」とあいまいに尋ねるより、「説明できますか？」と尋ねた方が自己診断しやすい。ただし、「～を説明できるという」表現が適合しにくい場合は、本書でも「～を知っている」という表現化形式を用いている。

(3) チェックシートの組織的活用……部門別の人財マップ

　すでに人材育成気運が現場に十分浸透している職場では、組織的に取り組むことにより一層の効果が期待できる。「技能チェックシート」は、表計算ソフトなどを用いれば個人別のレーダーチャートや、図7のような部門における「人財マップ」へ連動させることもでき、部門の強みや今後の強化ポイントが

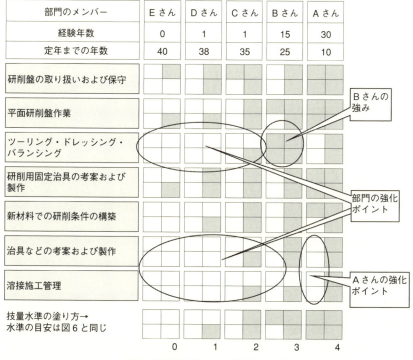

図7　部門別人財マップのイメージ

プロローグ

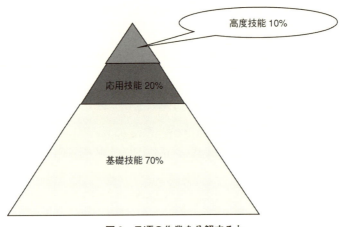

図8　日頃の作業を分解すると

「可視化」できる。このようにすると、若手の底上げ、後継者の育成、ベテラン人材のステップアップの方向性などが検討しやすくなる。

☆　　　☆

　当然であるが、研削盤、砥石、研削液は100％完成されたものではない。日々技術革新が起きており、従来の研削作業とは異なった方法が必要になることも考えられる。しかし、一見すると難しい研削作業と思われる事柄も、「ベテランのもつ技能の70％は確固たる基礎技能に支えられている」と言われている（図8）。

　本書をきっかけとして、幅広い基盤をもつ「高いレベルの加工技術・技能の一人前」を目指されることを期待する。

参　考　文　献

村上智弘：「プレス技能判定～これができたら一人前」、プレス技術、2007年4月号

I

研削砥石の基礎知識

チェックシート

研削砥石の基礎知識

	技量水準				スコア
	1	2	3	4	
研削と切削の違いを比較について説明できる。					
切削（研削）抵抗について説明できる。					
各種加工法の分類について知っている。					
研削と切削の特徴について説明できる。					
研削加工の種類を知っている。					
自由研削と機械研削の違いについて知っている。					
研削加工された製品例を知っている。					
砥石の三要素について説明できる。					
砥石の表示方法について説明できる。					
砥石の形状・縁形について説明できる。					
砥粒の種類について特徴を説明できる。					
砥粒の粒度について説明できる。					
結合度について説明できる。					
組織について説明できる。					
結合剤について説明できる。					
最高使用周速度、破壊回転周速度について説明できる。					
超砥粒の概要を知っている。					
一般砥粒と超砥粒ホイールの違いについて比較できる。					
超砥粒ホイールの形状の呼び方を説明できる。					
超砥粒ホイールの表示方法について説明できる。					
コンセントレーションについて説明できる。					

研削と切削の違い

切削加工とは、削りたい材料（工作物）を刃物（切削工具）によって不要部分を切りくずとして削り取り目的の形状にする作業である。例えば、加工方法で考えると、旋盤で用いる刃物はバイト、フライス盤で用いる刃物は正面フライスやエンドミルなどを用いて工作物を削るわけである。**研削加工**も同様に、硬い粒子の砥粒を結合剤で固めた**砥石**という刃物を用いて工作物を削る。切削や研削といった言葉の違いがあるものの、どちらも刃物で材料を削ることに変わりはない。しかし、加工特性や寸法精度、表面性状といった点で考えると違いがある。このため、用途に応じて加工方法を選定する必要がある。

鉛筆削りを例に考えてみる。**写真1**に示すように鉛筆に対して刃物を寝かせ

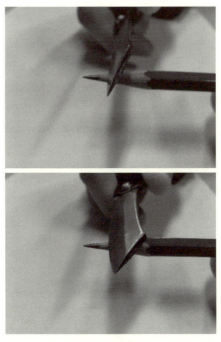

写真1　鉛筆削り

Ⅰ. 研削砥石の基礎知識

て削る時と刃物を立てて削る時では、刃物を寝かせて削る時のほうが削りやすい。この鉛筆と刃物の相対的な角度を**すくい角**という。

他の要因も関係するが、すくい角の大小によって刃物の切れ味の良し悪しにつながる。鉛筆を効率良く削るためには、刃物を芯に向かって動かすと同時に鉛筆自身を回転しながら削る。そうすることで効率良く先端をとがらせることができる。これを以下の加工に置き換えてみる。

・切削加工（旋盤）：工作物を回転させ、刃物を位置決め（切込み）し自動送りをかける

・平面研削加工：砥石を回転させ、砥石を位置決め（切込み）し自動送りをかける。

物を削るということは、種類が異なっても動きの原理は同じであることがわかる。実際の切削加工は3次元の複雑な状況下になっているため、簡略化した2次元切削モデルとして捉えて考える。**図1**に2次元モデルを示す。このモデルで切削と研削における抵抗力を**図2**に示す。

通常の切削工具のすくい角は正（プラス）となっているため切れ味が良いことになる。その反面、研削砥石は砥粒が破砕面ということもあり、すくい角が負（マイナス）となるため切れ味が悪い。加工時に発生する熱の影響を受けやすいため熱膨張の影響による寸法精度などに注意しなければならない。切削と研削の違いを**表1**に示す。

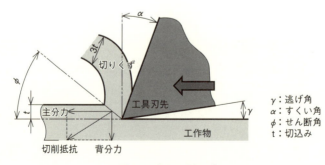

図1　2次元切削モデル

研削と切削の違い

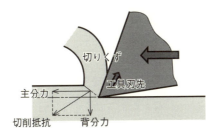

(a) 切削抵抗

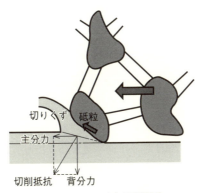

(b) 研削抵抗

図2　切削と研削の抵抗の比較

表1　切削と研削の違い

	切削	研削
刃先形状	人為的に成形	砥粒の破砕面
刃先数	1カ所〜	無数
すくい角	一般的には正（プラス）	負（マイナス）
刃先摩耗	再研削、交換	自生作用
発熱	小	大
切削抵抗	主分力＞背分力	背分力＞主分力

主分力：水平分力
背分量：垂直分力（工作物を押す力）

Ⅰ. 研削砥石の基礎知識

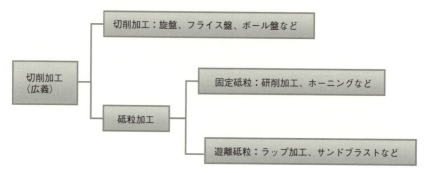

図3 切削・研削加工の分類

広義に解釈した場合、研削（砥粒）加工と切削加工の分類を図3に示す。

研削加工は、高速回転した微細な切れ刃をもつ砥石が工作物に対して微小な切込みで精密加工を行う。特に高精度な寸法や仕上げ面が得られ、焼入れ鋼などの高硬度材や、ガラス、セラミックスなどの脆性材料などの加工が可能である。一般的には、前加工された工作物の最終仕上げ加工として行う。表2に研削加工の特徴を示す。

表2 研削加工の特徴

(1) 研削砥石に用いられる微細な切れ刃（砥粒）は形や大きさが不均一である。
(2) 工作物の2～5倍程度の高度を有している高硬度の鉱物粒子を結合剤で固定した砥石を用いる。
(3) 切れ刃には自生作用があり、適正な加工を行うと新たな切れ刃を自ら創出する。
(4) 砥石を使用していくうちに研削作業面が劣化・摩耗するため、ドレッシング（目立て・目直し）を行う。
(5) 正確な寸法精度を得るためにスパークアウト（切込みを与えずに研削）を要する。
(6) 旋盤やフライス盤などの切削加工に比べて砥石の周速度が非常に速い。
(7) 研削時に発生する熱が大きい。
(8) 高精度な機械部品を効率的に加工できる。
(9) 旋盤やフライス盤などの切削工具では加工が困難な高硬度材などの工作物も加工できる。

研削砥石の構成

研削加工の種類

図1に示すように研削加工は2種類に大別することができる。自由研削で用いられる両頭グラインダや、機械研削で用いられる平面研削盤、円筒研削盤などで研削する場合、研削する材料によって砥石を選択するため、砥石に関する基礎知識が必要である。

研削された身近な製品としては、日本の伝統技能である切子（カットグラス）(**写真1**)が挙げられる。また、刃物類のナイフやドリル、機械要素である軸受といった様々な製品がある。

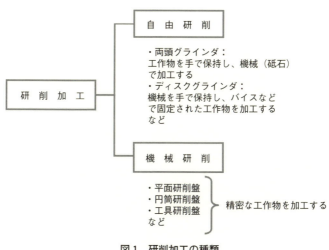

図1 研削加工の種類

Ⅰ．研削砥石の基礎知識

写真1　研削加工された製品例（切子）

研削砥石の3要素と5因子

　研削盤で使用される砥石は、形状や寸法、色などにより多種多様な種類がある。

　砥石の構成を身近なもので例えると、和菓子の「おこし」（**写真2**）と似ている。もち米などを蒸して乾燥し炒ったものを煮詰めた水あめなどを混ぜて型で固めたものである。おこしと砥石を比較すると、おこしのもち米に相当するのが砥粒、水あめに相当するのが結合剤である。

　写真3は研削砥石の拡大写真である。研削砥石は、切れ刃となる砥粒を結合

写真2　研削砥石に構成が似ている「おこし」

研削砥石の構成

写真3　研削砥石の拡大写真

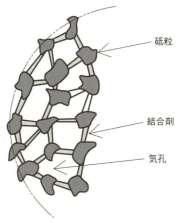

図2　研削砥石の3要素

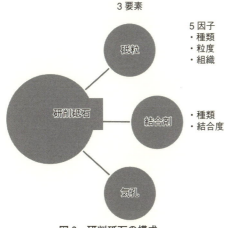

図3　研削砥石の構成

剤で固定している。

　砥石は以下の3要素から成り立っている（図2）。

砥粒：切れ刃の役目

結合剤：砥粒と砥粒を結合する接着剤の役目

気孔：砥粒と結合剤の間にある隙間のことで、切りくずを排出するためのチップポケット、研削油の循環を助ける、砥石を冷却する役目

　また、「砥粒の種類」、「砥粒の大きさ（**粒度**）」、「組織（**砥粒率**）」、「結合剤の種類」、「砥粒の結合強さ（**結合度**）」を「砥石の5因子」という（図3）。

Ⅰ．研削砥石の基礎知識

■研削砥石の表示方法

　砥石には、用途によって形状や寸法、色といった多種多様な種類がある。また、安全に使用するために最高使用周速度が決められており、砥石の性質や種類を表す表示方法が日本工業規格（JIS規格）で定められている。**表1**に一般的な研削砥石の表示方法について示す。

表1　研削砥石の表示方法

	例1）平形砥石	例2）ストレートカップ形砥石	例3）テーパカップ形砥石	例4）オフセット形砥石
①形状、縁形	1 A	6	11	27
②寸法〔mm〕外径×厚さ×内径	305×32×25.4	125×50×31.75	90×38×31.75	100×6×15
③研削材の種類	WA	GC	WA	A
④粒度	36	120	60	24
⑤結合度	N	H	J	P
⑥組織	7	—	—	—
⑦結合剤の種類、細分記号	V	V	V	BF 3
⑧最高使用周速度〔m/s〕	33	30	30	72
⑨製造業者名（略号可）	●●株式会社	●●株式会社	●●株式会社	●●株式会社
⑩製造番号	第＊＊＊＊＊＊号	第＊＊＊＊＊＊号	第＊＊＊＊＊＊号	第＊＊＊＊＊＊号
⑪製造年月日（略号可）	2015/04/＊＊	2015/05/＊＊	2015/08/＊＊	2015/10/＊＊

研削砥石の構成

写真4　検査票

写真5　ラベル

　写真4は、砥石購入時に同封されている検査票である。写真5は、平形砥石の側面に貼られているラベルである。

砥石形状

　砥石の形状は、JIS 規格で 30 種類以上定められている。砥石には研削で用いる使用面が定められており、使用面以外を使用することはできない。これは砥石を安全に使用するためであり、関係法令でも使用面以外の使用が禁止されている。平形砥石や切断形砥石の側面を使用した労働災害が発生しているため、使用者は適切な使用法を理解する必要がある。参考例を表2に示す。

　研削砥石外周の形状（縁形）は、直角な縁形の A 形をはじめ多種類ある。縁形の参考例を表3に示す。この縁形は砥石形状の1号、5号、7号に適用される。

Ⅰ. 研削砥石の基礎知識

表2 砥石形状

	使用例（実物）	断面図
1号 平形		砥石外周が使用面 5号 7号 片へこみ形 両へこみ形
6号 ストレートカップ形		砥石側面が使用面
11号 テーパカップ形		砥石側面が使用面 単位〔mm〕
27号 オフセット形		砥石外周・下側端面が使用面
41号 平形切断砥石		砥石外周が使用面

表3 砥石の縁形

A形	B形	C形
D形	E形	F形

砥石寸法

研削砥石の寸法は JIS R 62426.2 に示されている。また、砥石の関係法令の中に研削盤等構造規格がある。第14条に最高使用周速度の区分に従って各種研削砥石の寸法などが定められている。**表4**に普通速度の寸法を示す。

表4 普通速度 研削砥石の寸法

(中災防 グラインダ安全必携)

研削砥石の種類	直径 (D)	穴径 (H)	厚さ (T)	へこみ径 (P)	取付け部の厚さ (E)		取付け部の平行部径 (J または K)	縁厚 (W)
全種類	切断砥石は、1500以下	$0.7D$ 以下	任意	$1.02Df+4$ 以上	ストレートカップ形 テーパカップ形	$T/4$以上	$Df+2R$以上	E 以下
					片・両へこみ形 皿形・のこ用皿形	$T/2$以上		

※Df:フランジの直径、R:へこみのすみの丸みの内半径を表す

砥　粒

砥粒は工作物を削る刃物に相当する部分であり、最も重要な働きをする。工作物より硬く、摩耗しにくく耐熱性に優れた材質が必要である。砥粒には天然のものと人造のものがあるが、現在では人造の砥粒が大半を占めている。**図4**

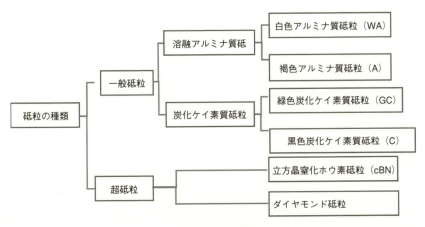

図4　砥粒の種類

に砥粒の種類について示す。

　人造砥粒には、大きく大別すると酸化アルミニウム（Al_2O_3）、炭化ケイ素（SiC）、ダイヤモンドなどがある。

　溶融アルミナ質砥粒は、酸化アルミニウム（アルミナ）を主成分とする鉱石を電気炉で高熱にし、溶融、徐冷後に結晶化したものを粉砕・整粒して砥粒としている。**白色アルミナ質砥粒（WA砥粒）**は、高純度で褐色アルミナ質砥粒に比べて硬く劈開性（割れやすい性質）が高いため、靱性（粘り強さ）が劣る。**褐色アルミナ質砥粒（A砥粒）**は、不純物を含んだ褐色の砥粒で靱性が強い。

　炭化ケイ素質砥粒は、コークスとケイ砂を電気炉で溶融し結晶化した純粋な炭化ケイ素を粉砕・整粒して砥粒としている。溶融アルミナ質砥粒よりも硬いが脆い性質がある。**黒色炭化ケイ素質砥粒（C砥粒）**は不純物を含んだ黒色の砥粒で、アルミナ質砥粒より硬いが、緑色炭化ケイ素質砥粒より硬さが劣る。**緑色炭化ケイ素質砥粒（GC砥粒）**は、高純度で劈開性が高い。

　立方晶窒化ホウ素砥粒（cBN砥粒）は、溶融アルミナ質砥粒や炭化ケイ素質砥粒に比べてはるかに硬くて耐摩耗性が高く、研削時の発熱が少ない特徴がある。鋼材との親和性が低いため焼入れ鋼の加工に適している。ダイヤモンド砥粒に次ぐ硬さを有している。

　ダイヤモンド砥粒は最も硬い砥粒である。ダイヤモンドは炭素で構成されているため、この砥粒で鋼材を研削すると研削熱により工作物中に飛散摩耗するため、鋼の研削には不適である。一般的なダイヤモンド砥粒は合成されたもので、品質が安定している。

　研削砥石に使用される砥粒は、その種類により性質が異なる。そこで砥石を選択する場合は、工具の材質に対して最適な性質をもつ砥粒を選択しなければならない。**表5**は、一般的に使用される砥粒の性質を表したものである。**ヌープ硬さ**とは、四角錐のダイヤモンド圧子を試験材に押し込んだ時の荷重をくぼみの表面積で割った値である。

研削砥石の構成

表5 砥粒の種類

砥 粒		対象工作物	色 調	硬 度
材 質	JIS記号			ヌープ硬さ
白色アルミナ質砥粒	WA	焼入鋼、合金鋼、工具鋼など	白色	2020～2070
褐色アルミナ質砥粒	A	一般鋼材自由研削、生鋼材精密研削など	褐色	2020～2050
緑色炭化ケイ素質砥粒	GC	超硬合金など	緑色	2500～2700
黒色炭化ケイ素質砥粒	C	鋳鉄、非鉄金属、非金属、精密研削など	黒色	2500～2700
立方晶窒化ホウ素砥粒 （cBN砥粒）	CBN CBNC	焼入鋼、工具鋼、耐熱合金、軸受鋼など	黒色 茶褐色	4700
ダイヤモンド砥粒	D SD SDC	超硬合金、セラミックス、シリコン、ガラスなど	―	7000～8000

粒 度

　砥粒の大きさを表すものを**粒度**という。粒度は、JISにおいて**表6**に示すように8番から8000番までの数値で区分されている。数値の前に「F」または「#」の記号を付けることにより表す。

　粒度は砥粒そのものの大きさを表しているのでなく、フルイの目の大きさを表している。例えば、粒度が「F100」で表されている場合は、1インチ（= 25.4mm）の中にあるフルイの目の数が100個あるフルイを使用し、この目を通る砥粒を表している。粒度は、番数が大きくなると切れ刃が小さく細かくなり、作業面における切れ刃の密度が高くなる。

　砥粒の形状は一様でないため、フルイ通過時における砥粒の向きによっては

表6 粒度の種類（JIS R 6001）

区 分	砥粒の粒度による種類
粗 粒	F4、F5、F6、F7、F8、F10、F12、F14、F16、F20、F22、F24、F30、F36、F40、F46、F54、F60、F70、F80、F90、F100、F120、F150、F180、F220
一般研磨用微粉	F230、F240、F280、F320、F360、F400、F500、F600、F800、F1000、F1200
精密研磨用微粉	#240、#280、#320、#360、#400、#500、#600、#700、#800、#1000、#1200、#1500、#2000、#2500、#3000、#4000、#6000、#8000

Ⅰ. 研削砥石の基礎知識

大きさの異なる砥粒が混じる。例えば、粒度が「F 100」で表されている砥粒分布では「F 90」や「F 120」といった砥粒も混ざっている。また、粒度の大きい砥粒は空気や水中で沈殿する速さで選別される。

結合度

砥石全体の総合的な強さを表すものが**結合度**である。研削作業では砥粒と結合剤に研削力が同時にかかるため、その力は砥粒を支えている結合剤の方が大きくなる。結合剤が砥粒を支持する度合いを一般的に結合度と呼んでいる。砥粒の脱落を決める尺度となり、工作物の仕上がりや砥石の寿命などに影響を与えるものである。結合度が弱いと砥粒が脱落しやすく砥石の減りが早くなる。逆に結合度が強いと砥粒は脱落しにくくなるが、自生作用により新しい砥粒とならないため切れが悪くなる。結合度は砥粒の硬さとは関係がないので、砥粒は非常に硬くても結合度は軟らかい砥石もある。

結合度は**図5**に示すように同一容積の中に含まれる結合材の量が関係するため、硬さが異なる。同一結合材で作られている砥石では、同一容積の中にある結合材の量が多ければ多いほど砥粒と砥粒を結びつける結合度が大きくなり硬い砥石となる。

結合度の選択の目安を**表7**に示す。結合度はA~Zのアルファベットで表され、Aが最も軟らかく、Zが最も硬い。

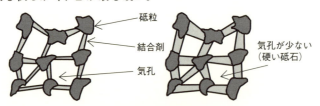

図5　同一容積中の結合度

表7　結合度の選択目安

結合度	工作物	砥石周速度	気孔	記号
軟らかい	硬い、もろい	速い	多い	A~Z
硬い	軟らかい、ねばい	遅い	少ない	

組　織

　研削砥石の全容量に対して砥粒がどのくらい含まれる割合を**砥粒率**といい、砥粒の粗密を表したのが**組織**である。つまり、一定の容積に対して砥粒の占める割合が少なければ「粗」（組織番号が大きい）となり、多ければ「密」（組織番号が小さい）となる。組織番号は、最も密な組織 0 から最も粗い組織 14 までの 15 段階を定めている。この 0～14 までの組織は砥粒率 62～34％ に相当する。**表 8** に組織の粗密の状態について示す。

　組織が粗になると、気孔が多くなり切りくずの排出や冷却性が良くなるため砥石の切れ味は良くなる。逆に組織を密にすると、砥粒の数が多くなり刃数を多くしたのと同じになるため能率がアップするように考えられるが、実際は発熱や研削割れなどのトラブルを発生させる原因になるため注意が必要である。

表8　組織の粗密状態

組　織	工 作 物	切込み	気　孔	番　号
粗	軟らかい、ねばい	大きい	多い	14～0
密	硬い、もろい	小さい	少ない	

結 合 剤

　砥石の砥粒と砥粒を結びつける接着剤の役目をもつのが**結合剤**である。無機質系結合剤と有機質系結合剤、金属系結合剤の 3 種類に大別される。この結合剤の代表例を以下に示す。

(1) 無機質系結合剤

・**ビトリファイド**（磁器質結合剤：Vitrified Bond）

　ビトリファイド結合剤は、種類記号を「V」で表す。粘土や長石などの無機物を焼成し、砥粒を結合する。砥粒との接着強度が高く、経年変化がないため品質が安定している。結合度や組織の調整が簡単にでき、水やアルカリ、酸、油などで変化しないため化学的にも安定した結合剤である。また、脆い性質がある一方、研削面を容易に整えることができる。一般的に最も多く使用されて

Ⅰ. 研削砥石の基礎知識

いる。

・シリケート（ケイ酸ソーダ質結合剤：Silicate Bond）

シリケート結合剤は、種類記号を「S」で表す。ケイ酸ソーダ（水ガラス）を主成分としている。結合力はビトリファイドよりやや弱いが、湿式で研削すると研削中に結合剤の内部に残った少量のケイ酸ソーダが溶出することにより潤滑作用として働く。そのため加工物に熱をもたせることが少ないので、接触面積の大きい工作物や工具の刃付け作業に適している。

(2) 有機質系結合剤

・レジノイド（人造樹脂質結合材：Resinoid Bond）

レジノイド結合剤は、種類記号を「B」で表す。熱硬化性樹脂（フェノール樹脂など）を主成分として、ビトリファイド結合剤と比較すると弾力性があり、衝撃吸収性があるため、切断砥石や鋳物のバリ取り用などに使用されている。また抗張力が強いため、高速回転で使用できる。

・ラバー（ゴム質結合材：Rubber Bond）

ラバー（ゴム）結合剤は、種類記号を「R」で表す。天然や人造の硬質ゴムを主成分としているため、最も弾性が高い。心なし研削用のコントロール砥石や切断用で使用されている。熱や油の影響を受けやすいため注意が必要である。

(3) 金属系結合剤

・メタルボンド（Metal Bond）

メタル結合剤は、種類記号「M」で表す。銅（黄銅）やニッケル、鉄などの金属粉末を主成分として、砥粒保持力は他の結合剤の中でも最も強く、寿命が長い。砥粒保持力が強いためツルーイングが困難であり、長寿命のダイヤモンド砥粒やcBN砥粒に限定される。

・電着法

電着法は、種類記号「P」で表す。台金の上に1層の超砥粒を電気めっき（Niめっき）によって砥粒を固着させる方法である。用途に応じて様々な形状の台金に固着させることができる。

砥石の周速度

研削砥石は高速回転して工作物を削るため、安全を重要視しなければならない。そこで、研削砥石が回転する最高限度の周速度のことを**最高使用周速度**という。この最高使用周速度を超えて作業すると、砥石が破壊し被災する可能性があるため、必ず遵守しなければならない。最高使用周速度は、砥石に付属しているラベルや検査票より把握することができる。

表1に安全な状態で使用できる普通使用周速度を示す。また、以下の計算式

表1 研削砥石の普通使用周速度の限界（JIS R 6241：2008）

研削砥石の種類			研削砥石の普通使用周速度[m/s]の限界	
			結合剤が無機質のもの（ビトリファイド砥石など）	結合剤が有機質のもの（レジノイド砥石など）
平形	補強しないもの	一般用	33	50
		超重研削用	―	63
		ねじ研削用、みぞ研削用	63	63
		クランク軸、カム軸研削用	45	50
	補強したもの	外径が100 mm以下で厚さが25 mm以下	―	80
		外径が100 mmを超え205 mm以下で厚さが13 mm以下	―	72
		その他の寸法のもの	―	50
テーパ形、両テーパ形、片へこみ形、両へこみ形、セーフティー形、皿形、のこ用皿形			33	50
ドビテール形	一般用		33	50
	ねじ研削用、溝研削用		63	63
逃げ付き形	一般用		33	50
	クランク軸、カム軸研削用		45	50
リング形、リング形のセグメント砥石			30	35
ストレートカップ形、テーパカップ形			30	40
ディスク形、ディスク形のセグメント砥石			33	45
レジノイドオフセット研削砥石（φ230 mm以下で厚さが10 mm以下）		補強しないもの	―	57
		補強したもの	―	72
切断砥石		補強しないもの	―	63
		補強したもの	―	80
オフセット形弾性砥石（φ230 mm以下で厚さが10 mm以下） ※研削砥石自体に弾性または可とう性をもち、主として仕上げ面の平滑を目的とするもの			―	72

Ⅰ. 研削砥石の基礎知識

で回転数を把握することができる。

$$回転数\ N\,[\min^{-1}] = \frac{60 \times 1,000 \times 周速度\ v\,[\text{m/s}]}{円周率\ \pi \times 砥石外径\ D\,[\text{mm}]}$$

この最高使用周速度を遵守せず、多くの労働災害が発生していることも現実である。厚生労働省がホームページ上で掲載している「職場の安全サイト」より労働災害事例を閲覧することができる。

研削砥石は、最高使用周速度内で使用すると砥石の強度以内で使用していることになるが、最高使用周速度を超えた状態では砥石により強い遠心力が発生することで内部応力が増大し、砥石の強度を超えた状態となると砥石が破壊してしまう。この砥石が破壊する回転を**破壊回転周速度**という。研削砥石は、破壊回転周速度を安全率で割った値を安全な状態で使用できる最高使用周速度として使用している。

表2に砥石外径と周速度による回転数の換算表を示す。

表2　回転数の換算

(mm)

砥石外径 [mm] \ 周速度 [m/s]	30	33	40	45	57	60	63	72	80	100
90	6366	7003	8488	9549	12096	12732	13369	15279	16977	21221
100	5730	6303	7639	8594	10886	11459	12032	13751	15279	19099
125	4584	5042	6112	6875	8709	9167	9626	11001	12223	15279
150	3820	4202	5093	5730	7257	7639	8021	9167	10186	12732
180	3183	3501	4244	4775	6048	6366	6685	7639	8488	10610
205	2795	3074	3727	4192	5310	5590	5869	6708	7453	9316
255	2247	2472	2996	3370	4269	4494	4718	5393	5992	7490
305	1879	2066	2505	2818	3569	3757	3945	4509	5009	6262
355	1614	1775	2152	2421	3067	3228	3389	3874	4304	5380
405	1415	1556	1886	2122	2688	2829	2971	3395	3773	4716
455	1259	1385	1679	1889	2393	2518	2644	3022	3358	4197
510	1123	1236	1498	1685	2135	2247	2359	2696	2996	3745

超砥粒ホイール

　cBN砥粒やダイヤモンド砥粒は**超砥粒**と呼ばれている。この超砥粒を用いた砥石を**超砥粒ホイール**と呼ぶ。ホイールは、主として金属製台金の周辺、または端面に砥粒層をもつ研削砥石とJISで規定している。一般砥石と超砥粒ホイールの比較を**表1**に示す。

　超砥粒ホイールの形状を表すコードとしては、①台金形状、②砥粒層の断面形状、③砥粒層の位置の3種類があり、必要に応じて④補助記号〔**モディフィケーション**（ホイールの形状に施す加工）〕を追加して使用しても良い。

　詳しくはJIS B 4141に規定されている。台金の形状が10種類あり、その台金に付く様々な砥粒層の形状が25種類ある。この砥粒層が台金に付く位置は、外周や側面など10種類ある。そして、必要な場面でのみ使用ができるモディフィケーションは、ホイールに座ぐり、ねじ穴の加工や軸付きなど13種類を定めている。形状の呼び方の参考例を**表2**に示す。

　また、超砥粒ホイールの表示方法の例を**図1**に示す。

　超砥粒に用いられる粒度は、**表3**に示すようにJISで規定されている。例えば粒度「100／120」の場合は、100、120と数字だけで読む。また、表示方法の習慣として、フルイ目の大きい方の小さい数字だけをとって「100番」という場合もある。

表1　一般砥石と超砥粒ホイールの比較

	一般砥石	超砥粒ホイール
砥　粒	溶融アルミナ質砥粒 炭化ケイ素質砥粒	cBN砥粒 ダイヤモンド砥粒
イニシャルコスト （初期経費）	安　価	高　価 ※一般砥石と比較するとコストパフォーマンスが高い
砥石の構成	砥石全体が同じ組織	ホイールの作用面に数mmの砥粒層を構成
ヌープ硬さ	2020〜2700	4,700〜7,000
組織・集中度	組　織	集　中　度

I. 研削砥石の基礎知識

表2　超砥粒ホイールの形状の呼び方の例

形状の呼び方	概略図	①台金の基本形状	②砥粒層の断面形状	③砥粒層の位置	④モディフィケーション
1A1		[1]	[A]	[1] 外周	[−] なし
6A2C		[6]	[A]	[2] 側面	[C] 皿穴

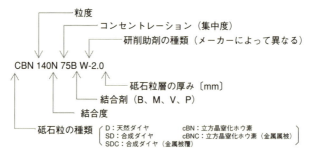

図1　超砥粒ホイールの表示方法（例：cBN）

表3　超砥粒の粒度

| 16/18　18/20　20/30　30/40　40/50　50/60　60/80　80/100　100/120　120/140　140/170 |
| 170/200　200/230　230/270　270/325　325/400 |

表4　超砥粒の結合度

軟	中	硬
H J L	N	P R T

　超砥粒の結合度は、一般砥石と同様にアルファベットで表現する。表4に示すように「N」を中間として軟・硬を定めている。

表5 コンセントレーション

コンセントレーション (集中度)	(参考) 砥粒の含有量 (ct/cm)		体積比率 (%)
	cBN砥粒	ダイヤモンド砥粒	
25	1.09	1.10	6.25
50	2.18	2.20	12.50
75	3.27	3.30	18.75
100	4.35	4.40	25.00

　JISでは結合度の表示のみが定められており、結合度の試験方法まで規定していない。同じ記号であってもメーカーによっては結合度の程度が異なることがある。そのため、メーカー間の互換性がないので注意が必要である。

　コンセントレーションとは、一般砥粒の組織に相当する。**集中度**とも呼ばれ、砥粒層の単位体積中に含まれる砥粒を示すものであり、ダイヤモンド砥粒の場合、1 cm^{3}中に880 mg（4.40 ct）含まれる場合を100と定めている。研削比（研削した体積/砥石の摩耗体積）は、このコンセントレーションが高くなるに従って向上する。コンセントレーションを**表5**に示す。

参　考　文　献

1) 研削盤等構造規格、第14条

II 研削盤の種類

チェックシート

研削盤の種類	技量水準				スコア
	1	2	3	4	
機械研削と自由研削の違いが説明できる。					
高速切断機の使用用途について知っている。					
携帯用グラインダの使用用途について知っている。					
エアを動力源とする携帯用グラインダについての特徴を説明できる。					
コードレスの携帯用グラインダのメリットについて知っている。					
部品加工における研削作業の位置づけを説明できる。					
品位の面で切削加工との差異を知っている。					
円筒研削盤の種類を知っている。					
ケレの使い方を知っている。					
トラバースカットとプランジカットにおける動作の違いを説明できる。					
トラバースカットとプランジカットについて加工における有用性の違いを知っている。					
平面研削盤の種類を知っている。					
生産性からの観点で、平面研削盤のストローク端における欠点を説明できる。					
平面研削盤の生産性に基づく立て軸、横軸の使い分けを説明できる。					
内周研削の難しさについて、その要因を説明できる。					
工具研削盤の使用用途について知っている。					
歯車研削の必要性について知っている。					
歯車研削盤における近年の機能向上について知っている。					
歯車研削盤の研削方式について知っている。					

研削盤の分類

研削盤(grinding machine)は、Ⅰ章に示した切断砥石および研削砥石を回転させることによって被加工物の表面を研削仕上げしたり、被加工物を任意の長さ寸法に切断する装置(機械)である。一般の機械工場では何らかの研削盤を使用している。

研削盤といっても、その種類、用途は多岐にわたる。研削作業は大きく分けて以下の二つに分類され、それぞれに研削盤が利用される(**写真1**)。

① **機械研削作業**
機械によって研削作業を行う。

② **自由研削作業**
切込み、送りなどの設定をせず、主に手で操作して研削作業を行う。

機械研削の例(平面研削盤)

自由研削の例(両頭グラインダ)

写真1　研削作業の分類

Ⅱ．研削盤の種類

自由研削用グラインダ

　自由研削用グラインダは、回転する砥石に加工物を手で操って研削作業を行うか、もしくは砥石が回転している機械装置を操り研削作業を行う。広く使われている**両頭グラインダ（写真1）**は前者になり、**携帯用グラインダ（写真2）**は後者に当てはまる。また、素材の切断を目的としたものもある（**写真3**）。

　現場では、機械研削によって精密研削しなければならない部品もあれば、携帯用グラインダで臨機応変に対応しなければならない作業もある。例えば、材料の切断面のバリ取り、鋳造品および鍛造品のバリ取り、溶接ビードの仕上げなど広い分野で活用されている。

　自由研削用グラインダの種類はさまざまであるが、動力源は主に電気であり、誘導電動機によって回転運動を与えている。

　携帯用グラインダの動力源は、電気もしくは圧縮空気（エア）である。圧縮空気を動力源としている場合、コンプレッサが必要となるが、水がある環境中でも対応可能である。一方、電気を動力源としているものは、コードレスタイプ（充電式）もあり電源がない作業環境でも作業が可能である。

　使用時の音について、圧縮空気を動力源としている場合、エアの排気音が大きいことから消音に工夫を凝らしているメーカーもある。

　これら自由研削における砥石の取替え、取替え時の試運転業務については労働安全衛生規則によって特別教育を修了することが義務付けられているので注意したい。その理由として、簡便に扱える機械工具であるが、その反面、回転する砥石にはそれ相応のエネルギーが備わっており、知識不足に起因する災害が多く発生していることが挙げられる。

自由研削用グラインダ

写真1　両頭グラインダ

写真2　携帯用グラインダ

写真3　高速切断機

Ⅱ. 研削盤の種類

機械研削盤

　一般に機械研削盤は、部品加工においては、まず切削加工で所定の取り代を残した形状にした後の研削工程で使用される。そのため、切削加工ではできない高品位な加工表面で、かつ、より精密な寸法公差で仕上げることが可能である。また、前述した自由研削も含めた研削作業は、焼入れ鋼のような高硬度材料であっても研削することが可能である。
　機械部品は、その用途から切削加工だけでは成し得ない高精度加工を要求される場合がある。その機械部品の形状に合わせて研削盤も多種多様の種類がある。

▌円筒研削盤

　旋盤加工後の円筒部の研削では、円筒研削盤（**図1**）が使用される。その種

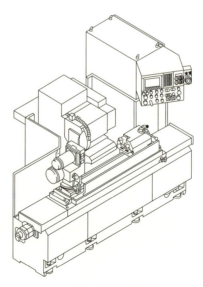

図1　円筒研削盤

類は大きく3つに分類できる。

・円筒研削盤（通常型）
・ロール研削盤
・万能研削盤

(1) **円筒研削盤（通常型）**

円筒研削盤は、その名のとおり主に円筒形状の外側を研削する。その加工は、被加工物を両センタで支持し、ケレ（**図2**）などによって被加工物を回転させる。この時、被加工物を回転させるとともに砥石も回転させることにより加工を行う（**図3**）。

円筒研削盤の加工様式は、大きく分類すると**トラバース研削**と**プランジ研削**の2種類がある。**図4**に円筒研削盤の加工様式を示す。

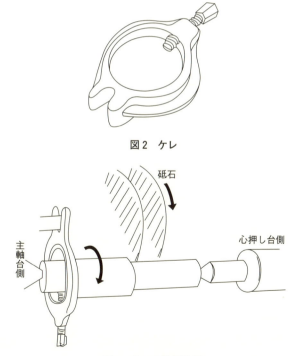

図2　ケレ

図3　ケレの使用状況

II. 研削盤の種類

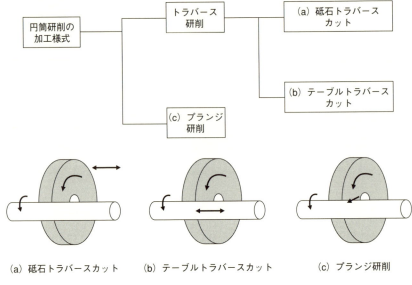

図4　円筒研削の加工様式

　トラバース研削には、砥石トラバースカットとテーブルトラバースカットがある。**砥石トラバースカット**は、旋盤加工の外径削りに類似している。旋盤加工は被加工物に回転を与えバイトに送りを与えて切削するのに対し、砥石トラバースカットは被加工物と砥石に回転を与え、砥石が移動することによって研削される。**テーブルトラバースカット**は、回転している砥石は移動せず、被加工物が取り付けられたテーブルを移動させて研削を行う。一般には後者での形式で研削盤が構成されている。しかしながら、後述するロール研削盤のような大型になると、砥石側を移動させる砥石トラバースになる。

　一方、**プランジ研削**は切込みだけで研削する。プランジ研削は旋盤加工でいうと溝入れ加工に類似している。

　トラバース研削とプランジ研削は、加工能率から考えるとプランジ研削が有利であるが、加工精度（円筒度、寸法精度、表面粗さ）から考えるとトラバースさせた方が有利になる。

機械研削盤

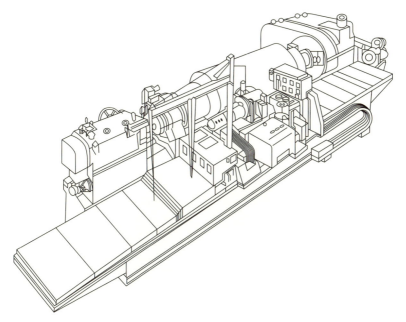

図5　ロール研削盤

(2) ロール研削盤

ロール研削盤（**図5**）は、製品に対して付加価値を与える重要な工程で使用される圧延ロールや製紙ロールの外周を精密研削することができる。ロール外周の表面粗さが製品側に転写されてしまうため、精密な研削を必要とされる。また、ロール中央部を中太（または中細）にする機構を備えている。

(3) 万能研削盤

円筒研削盤も万能研削盤も丸軸の研削加工に使用され、ともにテーブルをある程度旋回させ円筒度を確保する機能を備えている。

円筒研削盤は、生産を優位にするために砥石が比較的大径で機械剛性も上がっている。一方、万能研削盤は砥石台と主軸台を旋回できる構造になっている。機種によっては、砥石台が二重に旋回することで急角度の設定も可能になっ

Ⅱ. 研削盤の種類

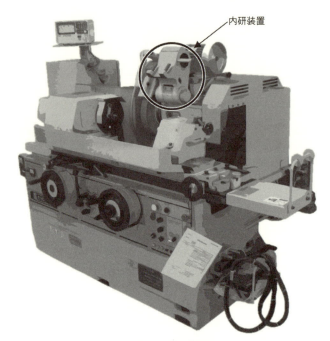

写真1　万能研削盤

ている。また、穴の内側を研削できる装置が備わっている（**写真1**）。このため万能研削盤は、単品製作における臨機応変な対応が可能な研削盤といえる。

■平面研削盤

　平面研削盤は通称、平研（へいけん、ひらけん）と呼ばれている（**写真2**）。主として平面部分を研削する研削盤である。その中でも**横軸角テーブル形平面研削盤**（**図6**）は、汎用性が高いため最も多く使用されている。

　横軸回転テーブル形平面研削盤（**図7**）は、横軸角テーブル平面研削盤と比較して生産性が上がりやすい構造になっている。その理由として、横軸角テーブル平面研削盤には生産性の観点から二つの欠点がある。その二つの欠点は往復するテーブルのストローク端にある。一つはストローク端で常に空研削が行われてしまうこと、二つ目に、ストローク端でテーブルの送り方向を切り替え

機械研削盤

写真2　平面研削盤

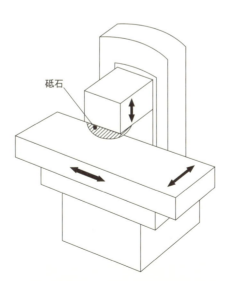

図6　横軸角テーブル形平面研削盤の構成

Ⅱ．研削盤の種類

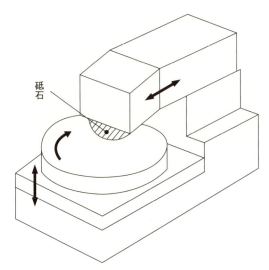

図7　横軸回転テーブル形平面研削盤の構成

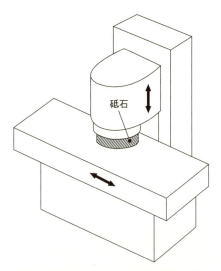

図8　立て軸角テーブル形平面研削盤の構成

るために減速、停止、加速が行われてしまうことで、テーブル送り速度が上げにくい加工様式になっている。一方、回転テーブル形は同一方向にテーブルを回転させるためテーブル運動の比較から生産性が高いといえる。

機械研削盤

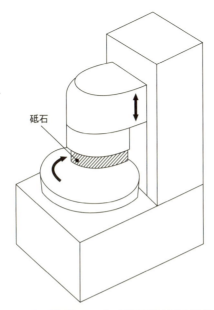

図9 立て軸回転テーブル形平面研削盤の構成

立て軸角テーブル形平面研削盤（**図8**）は、テーブルに対して垂直に砥石軸が配置されている。接触面積が大きくなるセグメント砥石やカップ形砥石を使用するために研削抵抗が大きくなってしまう。そのため機械剛性を高めた構造になっており、重研削が可能となることで生産性を向上させられる。また、横軸回転テーブル形平面研削盤が不向きな長尺物加工を補う構成になっている。

図9には**立て軸回転テーブル形平面研削盤**を示す。

平面研削盤は横軸形式のものと立軸形式のものがあるが、機種選定にあたっての一般的な考え方は、平面研削の生産性（高能率重研削）を重視するのであれば立軸形式を選択する。この時、砥石は自生発刃を主体に選定していくことが重要である。一方、横軸形式は、精密平面研削が有利である。この作業では、ドレッシング条件と砥石選定が重要であるため、最適な条件で行うように条件設定しなければならない。

対向二軸平面研削盤を図10に示す。

Ⅱ．研削盤の種類

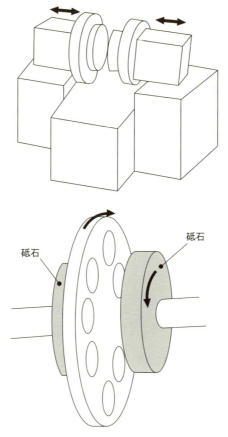

図10　対向二軸平面研削盤の構成

▌内面研削盤

　一般に機械加工は、外形加工よりも内形加工の難易度が上がる。研削加工も同様に、外周研削よりも内周研削は格段に難易度が上がる。

　その理由は三つにまとめられる。まず一点目は、穴の精密測定が難しいこと、二点目に穴径よりも小さい砥石径を選択しなければならないため小径の砥石は消耗が激しくなることと、取り付ける砥石軸の細さがたわみとなって精度に悪い影響を与える。三点目に油剤が与えにくいことが挙げられる。

機械研削盤

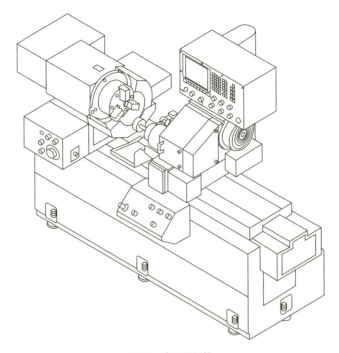

図11　内面研削盤

図11に内面研削盤を示す。

工具研削盤

工具研削盤（図12）は工具を研削するのに用いられる。

工具研削盤は様々な種類があり、研削する工具の名称を付記し、それぞれ専用の研削盤とする。例として、バイト研削盤、ドリル研削盤、ホブ研削盤などがある。

また、万能工具研削盤は、多種の工具に対してアタッチメント（付属品）を活用することによって、正面フライス、エンドミル、ドリル、メタルソー、リーマなどができる。

Ⅱ. 研削盤の種類

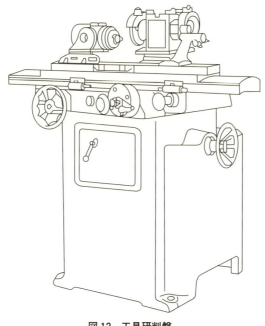

図12 工具研削盤

■その他の研削盤

(1) ねじ研削盤

測定機用の送りねじや工作機械の親ねじは高精度を要求される。そういったねじを精密研削する場合、ねじ研削盤を用いる。図13にねじ研削の概略図を示す。

(2) 歯車研削盤

機械部品同様に、歯車も耐摩耗性が要求される場合、熱処理した後、研削仕上げされる。また、歯車で構成された機械装置の静音化に対応するため、高精度加工が要求される。これらに対応するため、歯車研削盤も対話機能、機内測定機能、自動補正機能が付加され、以前よりも操作が簡便になってきている。図14に歯車研削盤を示す。

歯車の研削方法は大まかに2種類ある。

機械研削盤

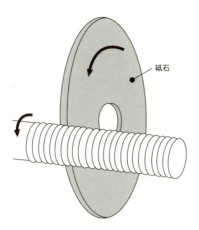

図13 ねじ研削の概略図

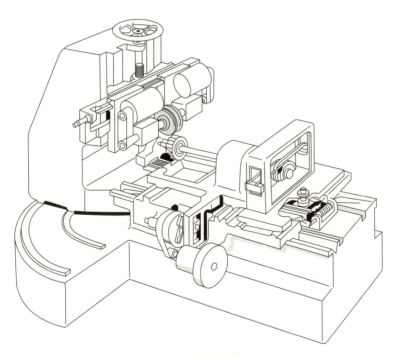

図14 歯車研削盤

Ⅱ．研削盤の種類

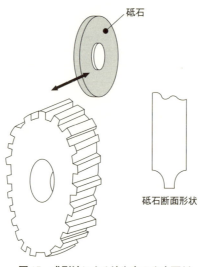

図15　成形法による外歯車の歯車研削

　1つ目に、歯車製作と同じように研削する成形法がある(図15)。これは、歯溝の形をした1つの砥石で研削する方法である。その特徴として、後述する創成法では歯底まで研削不能であるが、成形法は可能である。成形法は砥石形状を歯面に形状転写するため、砥石形状の成形はドレス装置によって行われる。この装置によって砥石形状を任意に高精度成形できるため、複雑な歯形形成、歯形修正も可能になり生産性に寄与することとなった。

　2つ目に**創成法**がある。創成法には**マーグ方式**と**ライシャワー方式**がある。

　マーグ方式は2枚の砥石で歯車を創成していく。図16にその概略図を示す。

　ライシャワー方式は、ウォーム形砥石により歯面の両側を一度に研削加工する。図17に概略図を示す。この動きは、歯切り作業でいうホブの動作と同じである。また、鼓形砥石によって歯面の片面ずつ研削する方法もライシャワー方式の一種である。

機械研削盤

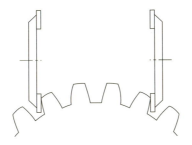

図16　マーグ方式

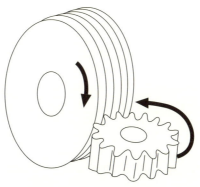

図17　ライシャワー方式

Ⅱ. 研削盤の種類

特殊な研削加工技術

ELID 研削

超精密加工の分野では、**電解インプロセスドレシング（ELID）研削（写真1）** がある。

ELID 研削は、単一の固定砥粒加工ではなく、砥粒による加工に別の加工様式を組み合わせた複合研削に分類される。ELID 研削盤は電解電源を備え、電気・化学的エネルギーによるドレス（ELID サイクル）によって砥粒が突き出た状態で研削することで鏡面研削を可能にした。

写真1　ELID 電解電源付き超精密成形研削盤

クリープフィード研削

JIS B 0106：1996 では、「といしに所定の輪郭を形成しておき、低速で工作物を送って一度の切込みで仕上げ研削する作業」と記載されている。

クリープフィード研削は総形成形加工に向いている高能率研削法である。特徴として、テーブル反転が1回から数回程度になることと、深い切込みとテー

特殊な研削加工技術

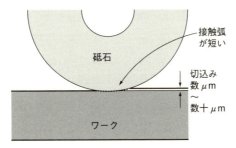

(a) 一般的な研削

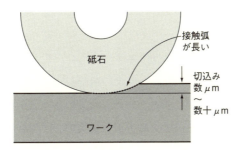

(b) クリープフィード研削

図1　一般的な研削とクリープフィード研削の比較

ブル送りを低速にすることが挙げられ、これにより砥石の形崩れが少なくなるためである（**図1**）。

■スピードストローク研削

　クリープフィード研削は切削加工でいう重切削に似た研削加工であるのに対して、スピードストローク研削は高速軽切削をイメージさせる研削加工である。通常研削と同程度もしくはそれ以下での切込みで高送りを与えるものである。ただし、テーブル反転動作時の衝撃力や慣性が増大してしまう問題があり、それを打ち消すためにカウンタを当てることにより軽減させる構造をもっている

Ⅱ．研削盤の種類

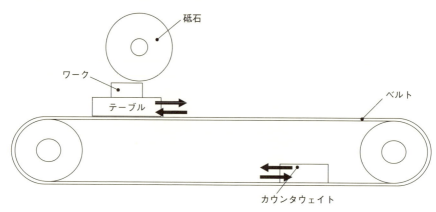

図2　スピードストローク研削

研削盤もある。図2にその概念図を示す。

　また、テーブルのスライド面は、通常の研削盤では案内面をきさげで製作しているが、テーブルの高速移動のためテーブルに浮き上がりが生じ、加工精度に著しい影響を与える。そのため精密油静圧案内面とすることで精度を確保できることが知られている。

　その他の研削技術として **HEDG**（High Efficiency Deep Grinding）がある。前述のクリープフィード研削の大きな切込みをそのままに、送り速度を高くし、さらに砥石周速度を大きくした研削方法であり、研削能率を桁違いに増大することが可能になる。そのため、今後の生産性向上を期待できる研削技術の一つである。

III

研 削 現 象

チェックシート

研 削 現 象	技量水準 1	2	3	4	スコア
目こぼれについて説明できる。					
目つぶれ、目づまりについて説明できる。					
削り残し過多について知っている。					
工作物の形状狂いについて知っている。					
工作物に付く砥粒傷について知っている。					
仕上げ面に生じるビビリ痕について知っている。					
削り残し過多について知っている。					
円筒工作物が「中太になる」について知っている。					
工作物表面が「焼ける」について知っている。					
仕上げ面に生じるビビリ痕について知っている。					
砥石結合度の選択の目安について知っている。					
研削条件をなす3つの運動の程度を説明できる。					
研削条件と研削抵抗の関係について知っている。					
砥石結合度の選択における考え方について知っている。					
砥粒の種類選択の目安について知っている。					
砥石の粒度を選択する際の考え方について知っている。					
適切なドレッシング作業について知っている。					
砥石組織の選択の目安について知っている。					
砥石組織の選択における考え方について知っている。					

研 削 形 態

研削の形態には、**正常**、**目こぼれ**、**目つぶれ**、**目づまり**がある（図1）。

目こぼれは、砥石表面の砥粒が異常に脱落する状態をさす。

目つぶれは、研削加工によって砥石表面の砥粒が摩耗して平滑化してもなお、その表面に留まってしまい、砥石の切れ味を著しく失う状態をさす。

目づまりは、砥石の空隙が切りくずによって埋め尽くされてしまい、砥石表面が平滑化した状態をさし、目つぶれの一種と考えられる。

正常は、目こぼれと目つぶれとの間の状態、すなわち、研削加工中に砥石表面から適度な砥粒の脱落がなされ、砥石の切れ味が保たれる状態をいう。

研削加工作業者は正常な研削形態を実現・維持するべく、砥石の選択と研削条件選択を行わなくてはならない。

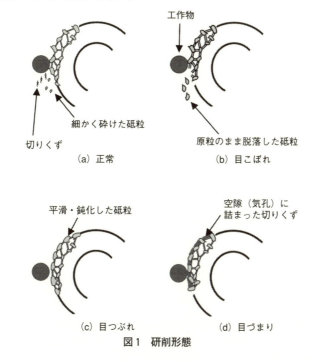

図1　研削形態

Ⅲ. 研削現象

目こぼれ

▋目こぼれに伴うトラブル

・削り残し過多

　研削加工中に砥粒の異常脱落が生じると、所定の切込み量を得られず削り残しを生じ、要求される寸法を得られない（図1）。

・形状の狂い

　円筒研削加工のトラバース時に目こぼれの影響を受けた場合、トラバースの始点と終点において研削量に差が生じて、極端な場合には、いわゆるテーパ形状に仕上がってしまう（図2）。

・砥粒傷

　砥石表面から脱落した砥粒が砥石表面と加工面との間に入り込んで、不規則かつ異常な加工傷をつくってしまい、工作物の表面品位を損なってしまう。

・仕上げ面にビビリ痕

　砥石表面から砥粒が異常脱落することで、砥石の真円度が低下してバランスを崩す（図3）。その結果、砥石回転時に自励振動を生じる。

　この状態で研削加工を施すと、仕上げ面に一定間隔の加工跡（模様）が生じる。加工精度（平面度）も低下する。

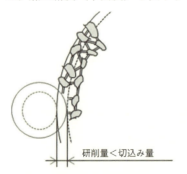

図1　目こぼれによる削り残し

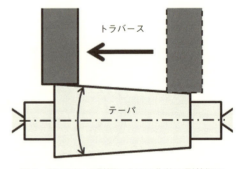

図2　目こぼれの影響による工作物の形状狂い

目こぼれ

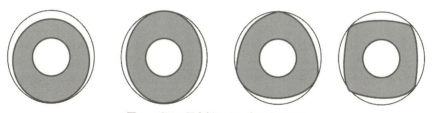

図3　砥石の偏摩耗による真円度低下例

■目こぼれの原因と対策

・砥石結合度の選択の誤り

　砥石の結合度は砥粒の保持力に相当する。今行っている研削条件において砥粒の保持力が小さ過ぎるならば、砥粒の異常脱落(目こぼれ)が生じる。砥石の結合度は推奨の範囲が示されており、その中において高めの結合度を選択するとよい。

・研削条件の誤り

　研削時には研削抵抗が各砥粒に対して作用する。それが「砥粒を保持する力」を上回る場合、目こぼれとなる。

　研削条件とは、研削を構成する3つの運動の程度、**砥石周速度**、**切込み量**、**工作物速度**を指す。研削抵抗の大きさは研削条件と関わりが深い。一般に、切込み量が大きい場合、工作物速度が大きい場合、砥石周速度が小さい場合に研削抵抗は各砥粒に対して大きく作用する傾向となる(図4)。

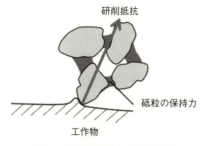

図4　砥粒の保持力と研削抵抗

Ⅲ. 研削現象

目つぶれ

■目つぶれに伴うトラブル

・削り残し過多

切れ味が低下した砥石で研削を行うと、所定の切込みを与えても削り残しが生じて、要求する加工寸法を得られない。この際、たとえば砥石側主軸の変形、または工作物側の変形によって「逃げ」を生じて削り残しを生じると考えられる。

・中太になる

円筒研削において、工作物を両センタによって支えてトラバース研削を行う場合、切れ味が低下した砥石で加工を行うと背分力が大きい状態となり、支え剛性の弱い工作物中央部は容易に「逃げ」てしまう（図1）。その中央部は所定の切込み量を得られずに削り残しを生じる。結果として、研削した製品形状は中太となってしまう（図2）。

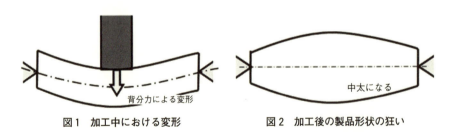

図1　加工中における変形　　　図2　加工後の製品形状の狂い

・焼ける

切れ味が低下した砥石は良好な研削をできない。平滑化した砥粒は工作物へ食い込むことはなく、その表面上を滑ることとなり、激しい摩擦によって摩擦熱を生じる。摩擦熱は工作物の表面を過熱して、焼き模様を生じさせて製品外観を損なう。また、工作物材質の特性を変質させてしまう（図3）。

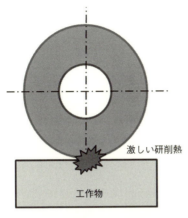
図3 研削熱による「焼け」
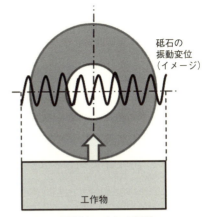
図4 研削中に生じる振動

・仕上げ面にビビリ痕

　切れ味が低下した砥石で研削作業を行うと、砥石が工作物に接触する部分において大きな背分力が生じる。大きな背分力は、被研削物または砥石軸のいずれか低い剛性側を変形させ、研削中に振動を生じさせる（図4）。振動の結果は研削面にビビリ痕として現れる。

目つぶれの原因と対策

・砥石結合度の選択の誤り

　現在行っている研削作業において砥石の結合度（＝砥粒の保持力）が過大である場合には、摩耗して平滑・鈍化した砥粒が砥石表面に留まる。結合度が低い砥石を選択して、適度に砥粒の脱落が起こる状況に改善するとよい。

　表1に結合度選択の目安を示す。

　硬質・脆質の工作物を加工すると、砥粒の平滑化・鈍化が比較的早いことから、「目替わり」（摩耗した切れ刃が適度に脱落して、新たに鋭利な砥粒が砥石表面に現れること）が滞りなく行われるように低い結合度を選択する。

　砥石と工作物との接触面積が大きい場合は、研削加工全体に生じる研削抵抗が過大とならないように切込み量、または工作物速度を抑える傾向とする。そ

III. 研削現象

表1 結合度選択の目安

分類	用途	極軟 D E F G	軟 H I J K	中 L M N O	硬 P–S	極硬 T–Z
平面研削	汎用		H I J			
	高硬度材		G H I J			
	軟質、粘質材			J K L		
	薄物研削	F G H				
	断続研削			J K L M		
	砥石接触面積大		H I J			
	クリープフィード	E F G H				
	細溝角出し			K L M		
円筒研削	汎用			K L M		
	高硬度材		I J K			
	軟質、粘質材			L M N		
	端面研削			K L M		
	断続研削			L M N		
	工作物外径大		J K L			
	工作物外径小			L M N		
その他	ねじ研削			L M N O		
	自由研削			M N O P		
	切断砥石			N O P–S		

の際、砥粒個別に作用する研削抵抗は小さくなり、すなわち「軽研削」と同様であると考えられる。結果として適切な目替わりを生じるように低い結合度を選択する。

「工作物の固定力を強くできない」「研削熱を極力抑えなくてはならない」などの制約を受ける薄物工作物の研削は軽研削にて行うが、その際にも適切な目替わりを生じるように低い結合度を選択する。

工作物速度をごく低くし切込み量は大きくして行うクリープフィード研削も砥粒個別に注目すると軽研削であり、適切な目替わりを生じるように低い結合度を選択する。

目つぶれ

表2　砥粒選択の目安

適正砥粒 (JIS)	適用被研削材	材種記号
A	構造用炭素鋼、一般鋼	SS, S-C, SCK, SBK STK, STM, SFB
A/WA	低合金中炭素鋼	SCM, SPC, SPHC SCr, SNCM
WA	低合金高炭素鋼、窒化鋼	SUJ, SUP, SK, SKS SKD-4, 5, 6, 12
PA GC	オーステナイト系ステンレス鋼 耐熱鋼	SUS303, 304~316 SUH, YAG
PA	フェライト系ステンレス	SUS405, 430
	マルテンサイト系ステンレス	SUS403, 416, 420, 440
PA	クロム合金鋼	SKD-11, 1, 2（HRC58以上）
SA (CBN)	高速度鋼	SKH4, 9, 51, 57(HRC60以上)
C	鋳鍛鋼	FC, FCD, FCMB, FCMW, RCMP
C	非鉄金属、チタン アルミニウム、アルミニウム合金	Pb, Mg, Cu, Ti, Al
GC (DIA)	超硬	D10~50

・砥粒の種類選択の誤り

　被削材に対して砥粒の硬さが十分ではない場合、研削開始後に容易に砥粒の摩耗・平滑化が起こる。被削材の特性（硬さなど）を作業前に知り、それに対応する砥粒を適切に選択するとよい。

　砥粒選択の目安を**表2**に示す。

・研削条件の誤り

　前述の「目こぼれ」の場合とは逆に、切込み量が過小である場合、工作物速度が過小である場合、砥石周速度が大きい場合に、各砥粒に作用する研削抵抗が小さくなる。結果として砥粒の脱落が起こりづらくなる。

Ⅲ. 研削現象

・ドレッシング作業の不適

ドレッシング作業は「目立て」とも呼ばれるとおり、その目的は砥石表面の切れ味を回復させることにある。ドレッサの先端を各砥粒に衝突させて確実に破砕して鋭利にできれば理想的であるといえる。

この際、ドレッサの先端形状に注意をするべきである。使い古して鈍化した先端を作業に用いては鋭利な砥粒を得られない。

ドレッサの先端形状について日頃から点検・管理を心がける。たとえば、鉛筆を用いるごとく、一定程度にドレッサの摩耗が進むたびにドレッサを軸回りに回しつつ利用を進める（**図5**）。結果としてドレッサ先端を常に鋭利な状態で使用する。

図5　ドレッサ利用上の注意

目づまり

■目づまりに伴うトラブル

「研削形態」の節で示したように、目づまりは目つぶれと同様に砥石表面が平滑化した状態である。したがって、トラブルの現象も同様となり、「削り残し」や「焼け」「ビビり」などが生じる。

■目づまりの原因と対策

・砥石の粒度選択の誤り

粒度は切れ刃の役割をする砥粒の大きさを示す。この値が高い場合は、砥粒の大きさは小さくなるとともに、研削くずを収容する役割を果たす空隙（気孔）も小さくなる。したがって、目づまりを生じやすくなる。

大きな切込み量で粗研削を行う場合には、大きな砥粒（＝低い粒度）を選択する。

・砥石の組織選択の誤り

組織は砥粒の数（切れ刃数）の多さを示す。これと同時に、研削くずを収める気孔の大きさも決められる。

目づまりを抑えるためには、気孔が大きい粗い組織を選択する。

表1に組織選択の目安を示す。

軟質・粘質の工作物は砥粒の空隙（気孔）に詰まりやすいことから、粗い組織を選ぶ。

クリープフィード研削は切込み量が大きいことから、砥石と工作物との接触長さが大きくなり、研削くずは多くなるから粗い組織を選ぶ。

III. 研削現象

表1　組織選択の目安

密度区分	密	中			粗			多孔性				
組織No.	略〜	4	5	6	7	8	9	10	11	12	13	14
砥粒率(%)		54	52	50	48	46	44	42	40	38	36	34

平面研削
- 汎用（粗〜仕上）：組織No. 7〜8
- 軟質粘質材：組織No. 9〜10
- 高硬度材：組織No. 7〜8
- 断続研削：組織No. 6〜7
- 薄物研削：組織No. 9〜10
- 砥石接触面積：大：組織No. 8〜9
- 細溝、角出し：組織No. 5〜6
- クリープフィード：組織No. 9〜13

円筒研削
- 汎用（粗〜仕上）：組織No. 7〜8
- 軟質、粘質材：組織No. 8〜9
- 高硬度材：組織No. 7〜8
- 断続研削：組織No. 6〜7
- 端面研削：組織No. 8
- 工作物外径：大：組織No. 6〜7
- 工作物外径：小：組織No. 5

その他
- ねじ研削：組織No. 6
- 自由研削：組織No. 6

IV

研削砥石の取付けと試運転

チェックシート

研削砥石の取付けと試運転

項目	技量水準 1	2	3	4	スコア
砥石の適切な取り扱いの三原則を知っている。					
砥石の適切な保管方法を知っている。					
砥石のラベルと検査票の適合確認ができる。					
砥石のラベルに印字された最高使用周速度を確認できる。					
砥石の打音検査による適合確認ができる。					
フランジの構成について知っている。					
安全上備わっているべきフランジの仕様を知っている。					
砥石を取り付ける前にフランジの適切な掃除ができる。					
砥石に貼られているラベルはどのような役割があるか知っている。					
フランジのボルトを締め付ける時の正しい順番を知っている。					
フランジのボルトを3回に分けて正しいトルクで締め付けることができる。					
フランジのボルトの締め方が適切でないと、どのようなことが起こるか知っている。					
フランジのボルトの増し締めを行う理由について知っている。					
バランス装置の種類を知っている。					
砥石のバランスを取る理由について説明できる。					
バランス装置を使用して適切な手順でバランス取りができる。					
バランス取りの作業はどのような場所で行うか知っている。					
バランス取り作業においてどのような状態がバランスが取れた状態か知っている。					
フランジを砥石軸にはめる時に掃除をしなければならない箇所を知っている。					
フランジを砥石軸へ正しい手順で適切に取り付けることができる。					
砥石軸からフランジを正しい手順で適切に取り外すことができる。					
機械の点検と試運転をなぜ行うかを説明できる。					
試運転において確認すべき事項を知っている。					
研削盤に使用されている3種類の油剤を知っている。					
油圧油の働きを知っている。					

研削砥石の取付けと試運転	技量水準				スコア
	1	2	3	4	
油圧油の適量確認ができる。					
油圧油の交換タイミングを知っている。					
潤滑油の働きを知っている。					
潤滑油の適量確認ができる。					
切削油剤の働きを知っている。					
切削油剤で量の他に管理すべき内容を知っている。					
切削油剤の適量確認ができる。					
砥石カバーの働きを知っている。					
研削盤の砥石カバーの形状の規定を知っている。					
機械の点検と試運転を適切に行うことができる。					
研削盤作業における指定保護具について知っている。					
研削盤作業において作業者が立ってはならない位置を知っている。					
試運転において砥石の空転時間を知っている。					
ツルーイングを行う理由について説明できる。					
ツルーイングを適切に行うことができる。					
動バランス装置の構成について知っている。					
動バランスはどのような要求がある際に使用するか知っている。					
ドレッシングとは何かを知っている。					
ドレッシングを行わないとどのようなことが起こるか知っている。					
ツルーイングとドレッシングの違いを説明できる。					
ドレッシング作業において卓上ドレッサをどのようにセッティングすればよいか知っている。					
ドレッシングで必要なテーブル送り速度はどのようにして求めるか知っている。					
荒研削、仕上げ研削のドレッシング条件の設定ができる。					
ドレッシングの先端が摩耗したらどのように対処するか知っている。					
超砥粒ホイールのツルーイングとドレッシングの種類を知っている。					

Ⅳ．研削砥石の取付けと試運転

砥石の取扱いと保管方法

　砥石は圧縮には強く引っ張りや衝撃に弱い特性をもっている。砥石を取り扱う時は、「ころがすな」、「落とすな」、「ぶつけるな」の3原則を守る必要がある。

　砥石は、乾燥した場所で棚やキャビネットに保管する。**写真1**に砥石をフランジに取り付けたまま収納できるキャビネットを示す。フランジが付いてない砥石は、**写真2**に示すように箱に入っている状態であれば縦置きでも横置きでもかまわない。ただし、砥石が直接触れないよう緩衝材を入れておく。

写真1　砥石専用キャビネット

写真2　箱に入れて縦置きの状態

研削盤と砥石の適合確認

　使用する砥石が決まったら、まず砥石に添付されている検査票（**写真1**）の内容と、砥石のラベル印字（**写真2**）の内容が一致しているか確認する。

　それから、使用する砥石が研削盤に適合しているか確認する。砥石のラベルには必ず「最高使用周速度」が印字されているので、取り付ける研削盤に適合したものかを確認する。

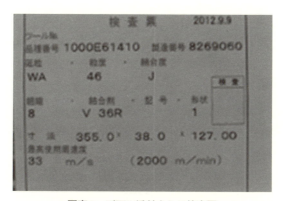

写真1　砥石に添付される検査票

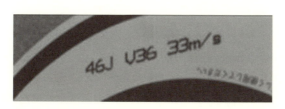

写真2　ラベルに印字している砥石の仕様

Ⅳ. 研削砥石の取付けと試運転

砥石の検査

　砥石の検査は外観検査および打音検査により行う。

　外観検査は欠けやキズやひび割れがないか砥石の全面にわたってよく調べる。砥石のひびは外見では分からない場合が多いため、目視に加えて打音検査も行う。

　写真1は砥石の打音検査の様子を示す。片手で砥石を持ち、もう片方の手で砥石の外周から20～50 mmの付近を木ハンマーで軽く叩いて音を聞く。ビトリファイド砥石であれば、どこを叩いても「キーン」と澄んだ音を出す。ひびや割れが入った砥石は濁った音がするか、または場所によって音が急に変化する。叩く力は必要最低限で行う。

　これらの検査で問題が見つかった砥石は絶対に使ってはいけない。また、落としたり、ワークをぶつけたりした砥石も使ってはいけない。

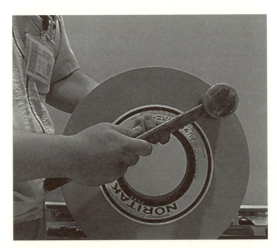

写真1　砥石を木ハンマーで軽く叩く

砥石とフランジの適合確認

　砥石はフランジによって研削盤に取り付けられる。ここでは平面研削盤に使用されるフランジを紹介する。

　フランジは、固定フランジと移動フランジ（写真1）およびバランス駒（写真2）で構成される（写真3）。固定フランジは砥石軸に取り付けられる。

　フランジを扱う時は以下の項目を確認する。

　・固定フランジと移動フランジの直径は等しいか？

　直径の異なるフランジは砥石を締め付ける力が不安定になる。

写真1　固定フランジと移動フランジ

写真2　バランス駒

Ⅳ. 研削砥石の取付けと試運転

写真3　フランジを組み立てた状態

・フランジの直径は砥石の直径の1/3以上か？
フランジで砥石をしっかり固定するために必要である。
・フランジの砥石との接触部にそりなどの変形が発生していないか？
フランジの砥石の接触面が平行でないと締付け力が不均一になる。そりなどの変形があるものは使用してはいけない。
・研削盤に適合するものか？
研削盤の取扱い説明書などで適合するフランジが指示されている。
・取り付ける砥石に適合しているか？
フランジに取り付ける砥石の寸法や形状に適合したものであることを確認する。

砥石のフランジへの取付け

① 研削による油汚れや切りくずなどの汚れをウエスでよく掃除する（**写真1**）。

② 通常、研削加工は研削液を使用するので、使用後はフランジの砥石との接触面には錆が発生している場合が多い（**写真2**）。砥石との接触面に錆、キズ、打痕があった場合は、油砥石や紙やすりで研磨し除去する（**写真3**、**写真4**）。砥石との接触面にそりなどの変形があった場合は修正が難しいため、他のフランジに交換する。

写真1　フランジの掃除

写真2　フランジの錆

写真3　油砥石で研磨

写真4　紙やすりで研磨

Ⅳ．研削砥石の取付けと試運転

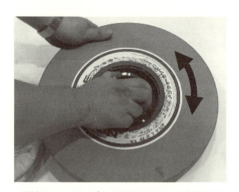

写真5　フランジ上で砥石が回るか確認する

③　両手で砥石を持ち固定フランジにはめ込み、フランジ上で砥石がスムーズに回るか確認する（**写真5**）。砥石に貼っているラベルはフランジとのクッションの役割をするので、絶対にはがしてはいけない。

④　移動フランジを両手で持って固定フランジにはめ込む（**写真6**）。手ではまりにくい場合は、プラスチックハンマーで移動フランジの縁を均等に軽く叩きながら少しずつはめていく（**写真7**）。

⑤　ボルトを六角レンチで仮締めする（**写真8**）。本締めはトルクレンチで正確に規定のトルクで絞め付けるが（**写真9**）、一度で締めずに3回に分けて**図1**に示す順序で締め付ける。1回目は規定トルクの2/3くらいまで、2回目は1

写真6　移動フランジを両手でゆっくりとはめる

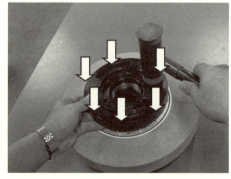

写真7　プラスチックハンマによる移動フランジのはめ込み

砥石のフランジへの取付け

写真8　六角レンチによるボルトの仮締め

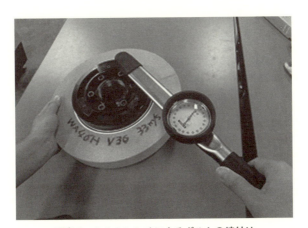

写真9　トルクレンチによるボルトの締付け

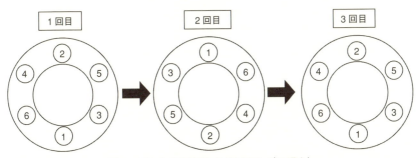

図1　ボルトの締め順（6穴フランジの場合）

Ⅳ. 研削砥石の取付けと試運転

目盛小さく、3回目は目盛どおりとなるように締め付ける。締付けが弱いと、砥石が回転する時にフランジと砥石の間で滑りが発生する。また、締めすぎたり各ボルトの締付け力が均等でないと、フランジが変形し砥石の破壊につながる。

⑥ 研削中に何本かのボルトが緩むことがあるので、新しい砥石の場合、使用後24時間くらいで増し締めを1回行う。また、砥石を使用していくと研削液が砥石ラベルに浸み込みボルトが緩むことがあるので、適宜、増し締めをする。増し締め作業は研削盤に取り付けた状態で行ってかまわない。

⑦ 砥石をフランジに取り付けるとラベルに印字している砥石の仕様が見えなくなるため、砥石の種類がわからなくなる。マジックなどでラベルの紙や砥石の側面にマジックで仕様を書けば、砥石が判別しやすくなり取り違いを防ぐことができる（**写真10、写真11**）。

写真10　ラベルに仕様を記入した様子

写真11　砥石側面に仕様を記入した様子

砥石のバランスの取り方

　砥石は製造段階から砥粒の密度にばらつきが存在するうえ、外周の輪郭は真円が出ていない。さらにフランジ外径と砥石の内径に隙間があるため、砥石と砥石軸の回転中心がずれる。このまま研削盤に取り付けると振動が大きくなり危険であり、適正なツルーイングが行えない。

　これらの回転振れを低減するため、研削盤に取り付ける前にバランス取りを行う。バランス装置にはいくつか種類がある。**写真1**にローラー式バランス装置、**写真2**に天秤式バランス装置を示す。

　ここでは、ローラー式バランス装置を用いてバランス駒が2個のタイプのバランス取り手順を説明する。

　① バランス装置は非常に敏感な装置であるので、振動や風がない部屋の定盤などの安定した場所に置いて、バランス装置に付いている水準器を見ながらレベリングボルトを調整して水平を出す。

　② バランス装置は砥石のバランスを感度よく拾うため、ローラーの回転摩擦が低くなければならない。ローラー部やマンドレルをよく掃除してローラーの回転がスムーズか確認する。

写真1　ローラー式バランス装置

写真2　天秤式バランス装置

Ⅳ．研削砥石の取付けと試運転

写真3　砥石を乗せたバランス装置

③　きれいに拭いたマンドレルのテーパを砥石フランジにはめ合わせる。バランス駒は外しておく。

④　砥石を取り付けたマンドレルをバランス装置に静かに乗せる（**写真3**）。

⑤　砥石は砥粒が密な部分と疎な部分が偏在しているため、どこかに重心となる場所がある。初めにその重心を探す。静かに砥石から手を放すと、重心が下に行こうとするため左か右に回りだす（**図1**）。何度かこの作業を繰り返し、砥石が静止した時に真下付近にくる重心の位置を確認する（**図2**）。重心のある場所にチョークなどで印をつける。大型の機械研削砥石はバランスの軽い方（重心の反対側）に矢印がついているので参考にするとよい。

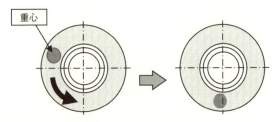

図1　重心が下に行こうとする　　図2　停止したところの真下に重心がある

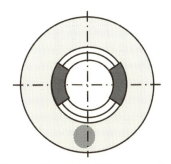

図3 バランス駒を90°の位置につける

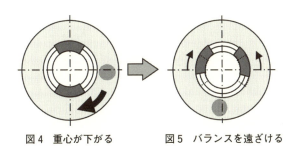

図4 重心が下がる　　図5 バランスを遠ざける

⑥ 重心がある場所から両側に90°の場所にバランス駒を取り付ける（図3）。重心を水平の位置にもってきて手を放し、砥石の回転する方向を観察する。重心が下に行く方向に回転する場合（図4）は、バランス駒をさらに重心から遠ざける方向に移動させる（図5）。

⑦ 逆に重心が上に行く方向に回転する場合（図6）は、重心に近づくように移動させる（図7）。

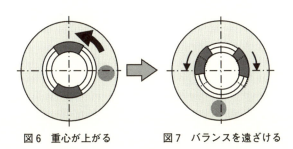

図6 重心が上がる　　図7 バランスを遠ざける

Ⅳ．研削砥石の取付けと試運転

⑧　この調整を繰り返し行う。バランスが取れると、重心がどの位置にあっても砥石が回転することなく静止した状態になる（**図8**）。砥石が自分から回転する間はバランスが取れていない。

⑨　バランスが取れたらバランス駒の本締めをする。以上でバランス取りは完了である。

⑩　バランス取りの作業は最初の1度だけではない。使用するうちに砥石径が小さくなるとバランスが崩れるので、改めて取り直す必要がある。また、フランジから砥石をはずした場合も、取り付けた時に再度バランス取りを行う。

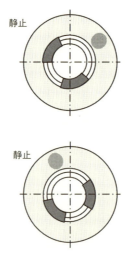

図8　バランスが取れるとどの位置でも静止する

砥石の研削盤への取付け

砥石のバランスを取ったら研削盤へ取り付ける。

取り付ける砥石が研削盤と適合するものかをまず確認する。特に最高使用周速度が異なる研削砥石があるような場合、間違った砥石を取り付けないように必ず確認する。

① 研削盤の砥石カバーを開ける。砥石頭に上部ドレッサが備え付けられている場合（**写真1**）は、砥石に当たらないようにドレッサを引き上げておく。また、クーラントノズルを邪魔にならない位置に変更しておく。砥石カバー内には研削中に発生した脱落砥粒や切りくずが付着している（**写真2**）。これを

写真1　砥石頭の上部ドレッサ

砥石カバー内側に脱落砥粒や切りくずがたまりやすい

写真2　砥石カバーを開けた様子

Ⅳ. 研削砥石の取付けと試運転

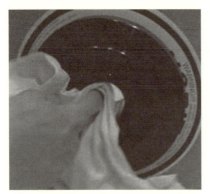

写真3　内径をウエスで拭く

写真4　最後はきれいな指で拭く

写真5　砥石軸をきれいに掃除する

写真6　テーパの当たりを確認する

ヘラなどできれいに落としておく。砥石カバー内をエアブローで掃除することは避ける。切りくずや脱落砥粒などが砥石軸の隙間に入り込むことがあるためである。

　② 切りくずや砥粒を除去するため砥石フランジの内径をきれいなウエスで拭き取る（**写真3**）。ウエスの糸くずなどを除去するため最後はきれいな指で拭き取る（**写真4**）。指を使うと砥粒などの小さなものを感覚で確認できる。

　③ 研削盤の砥石軸のテーパ部にキズや打痕がないか確認し、きれいなウエスで汚れを除去し、最後はきれいな指で拭き取る（**写真5**）。

　④ フランジを砥石軸に押してはめ込む（**写真6**）。フランジのテーパと砥石

砥石の研削盤への取付け

円弧形状をした敷き木を置く

写真7　敷き木を使うと楽

軸のテーパの当たりを確実にする。取付けの際、砥石を落としたり周辺にぶつけたりしないよう注意する。また、砥石カバー内に付着している切りくずや砥粒がテーパ部に付着しないよう注意する。直径の大きい砥石は重いので、敷き木などの支えに砥石を置くと取付けや取外しが楽になる（**写真7**）。

⑤ 砥石が落ちないように手で押さえながら締付けナットに専用レンチをはめてプラスチックハンマーで叩いて締め付ける（**写真8**）。通常、ナットは左ねじである。締め付けたら砥石カバーを確実に閉め、クーラントノズルの位置を元に戻す。以上で研削盤への砥石の取付けは完了である。

写真8　ナットを締め付ける

Ⅳ. 研削砥石の取付けと試運転

研削盤の点検と試運転

　砥石の取付けが完了したら、研削盤の点検を行い、安全が確認された後、砥石を回転させ試運転を行う。この作業は砥石を交換した時だけではなく、研削作業に入る前に毎回行う。

　研削盤は他の工作機械と異なり、回転中に砥石が砥石軸から外れたり、砥石が破壊して破片が飛散したりと、作業者にとって危険を及ぼす恐れがある。安全な作業ができるように機械の点検と試運転を確実に行うことが大切である。

▎油剤の確認

　研削盤に使用される油剤は3種類ある。いずれも不足すると故障の原因となるから、作業開始前は必ず入っている量を確認し、不足していれば注油する。それぞれの油剤は研削盤メーカー指定のものを使用する。

① 油圧油

　テーブルやサドルを往復させるための動力伝達として必要となる。レベルゲージで適量入っているか確認する（**写真1**）。また、油の交換は使用状況にもよるが概ね1年に1回行う。

写真1　油圧油・潤滑油の量を確認

研削盤の点検と試運転

写真2　研削液の量を確認

② 潤滑油

テーブル、サドル、コラムの案内面に供給され、すべり面を潤滑する。油圧油と潤滑油は機種によっては同じ油を兼用するものもある。

③ 切削油剤

研削時に加工点に当てる。研削熱の冷却、加工点の潤滑、加工物や研削盤への切りくずや脱落砥粒の付着を防ぐ洗浄、また加工物や研削盤を錆びさせない防錆の機能をもつ。水溶性の研削液の場合は希釈倍率により性能が変化するので、濃度管理も重要になる。作業中少しずつ蒸発などにより量が減ったり濃度が変化するので、量はレベルゲージで、濃度は濃度計で確認する（**写真2**）。

砥石カバーの確認

砥石カバー（**写真3**）は、回転中の砥石が破壊した際、飛散する破片から作業者を守ったり、作業者が回転中の砥石に誤って触れて負傷したりすることを防ぐためにある。そのため砥石カバーの材質は鋼板か鋳物で、カバーの周板と側板の厚さは砥石の周速度や厚さごとに法律で決められている。砥石カバーが適合したものか、砥石カバーが確実に閉まっているかを確認する。

図1に平面研削盤の砥石カバーの開口部の規定の形状を示す。

Ⅳ. 研削砥石の取付けと試運転

写真3　実際の砥石カバー

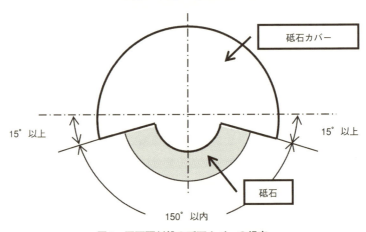

図1　平面研削盤の砥石カバーの規定

■試運転の手順

① 研削盤の起動とテーブル・サドルの暖気運転

　主電源のスイッチを入れ（**写真4**）、続いて油圧スイッチを入れて油圧を起動させる（**写真5**）。往復運動を始める前に送り速度が0になっているか調整

研削盤の点検と試運転

写真4　主電源の操作

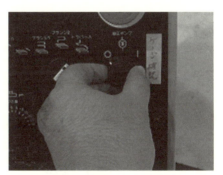
写真5　油圧スイッチの操作

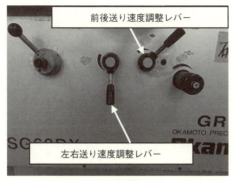
写真6　送り速度調整レバーの例

レバーなどで確認する。速度調整レバー（**写真6**）を操作しゆっくりした速度でテーブルを動かし、左右反転用ドグで左右のストロークを調整し（**写真7**）、続けてサドルを動かし前後反転用ドグで前後のストロークを調整する（**写真8**）。この往復運動により案内面全体に潤滑油を供給させ、油圧油を適正な温度にすることにより送り速度を安定させることができる。ドグの調整をする際はテーブルを止めて行う。

　暖気運転は最低10分間行う。最初から仕上げ加工を行う場合は起動して30分以上は暖気運転が必要である。精度を一定に保つため休憩中も油圧は切らないほうがよい。

Ⅳ. 研削砥石の取付けと試運転

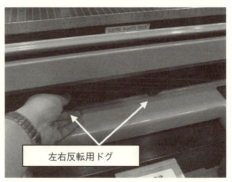

写真7　左右のストロークの調整

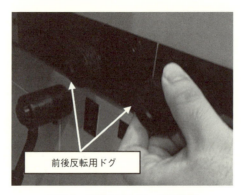

写真8　前後のストロークの調整

② 指定保護具の完全着用の励行

　機械操作をする際は、ヘルメットまたは作業帽、作業服、安全靴および保護メガネは必ず着用し、正しい服装で行う。

③ 安全な場所で作業

　作業者は安全な場所に立つ。**写真9**に研削作業における作業者の立ち位置と砥石の飛散方向を示す。砥石が破壊した場合の飛散方向になる位置に立ってはいけない。また、テーブルが前後左右に往復運動するので、その範囲に作業台を置いたり作業者が立つようなことのないようにする。

研削盤の点検と試運転

写真9　砥石の飛散方向と作業者の立ち位置

④　砥石軸の締付け確認

砥石のフランジの締付けは確実かもう一度確認し、砥石カバーをしっかり閉める。

⑤　試運転の開始と点検

主軸を起動し試運転を行う。一度に起動せず、何回かON／OFFを繰り返し徐々に回転数を上げていく。回転数を設定できる機種は、最初は回転数の低いほうから始め、徐々に研削加工に使用する回転数に上げていく。砥石の空転時間は、砥石を取り換えた時は3分間以上、もともと取り付けていた場合は1分以上である。この間に研削盤の振動、異常音、研削砥石の面ぶれ、および電流、油圧、軸圧などについて異常がないか確認する。また、砥石の回転方向が正しいこと、砥石軸が確実に停止することを確認する。

以上の工程で問題なければ試運転は完了である。

Ⅳ. 研削砥石の取付けと試運転

ツルーイング

　研削盤の試運転に異常がなければ次にツルーイングを行う。新品の砥石は真円が出ていないことと、フランジ外径と砥石の内径に隙間があることにより回転中心がずれていることが理由で外周が振れている。ツルーイングの目的は、この砥石の外周の振れを取り真円を出すことである。

　写真1に砥石頭に備え付けのドレッサを示す。このドレッサには、手動でドレッサを送るハンドルとドレッサを切り込むためのハンドルが備わっている。このドレッサは主に外周の振れ取りのためのツルーイングに適している。このドレッサが備え付けられていない研削盤は卓上式ドレッサを使用する。

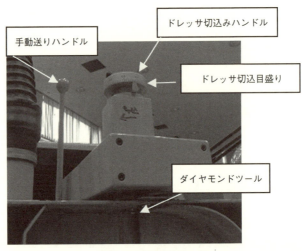

写真1　砥石頭ドレッサ

ツルーイングの手順

　ここでは砥石頭ドレッサによるツルーイングの手順について説明する。

　① 砥石を止めた状態でツール先端をドレッサ切込みハンドルで静かに下ろし、砥石に当たるところを確認し少し戻す。

ツルーイング

写真2　ツルーイングはレバーを
ゆっくり手前に引く

写真3　砥石の異常がないか確認する

② 砥石の回転を起動する。

③ 切込みを 0.02〜0.03 mm 与え、レバーを手前にゆっくりと引きツルーイングを行う（**写真2**）。最初、砥石の外周は振れているのでドレッサの先端と砥石が接触する音は断続的になる。切込みを加えツルーイングを繰り返していくと次第に振れが取れ、連続した音になる。これにより砥石の外周振れが取れる。

④ 砥石の回転を停止する。惰性で砥石が止まるのに時間がかかるが、手などで止めず完全に停止するまで待つ。砥石を手で砥石を回しながら砥石の外周、両側面にひび割れなどの異常がないか確認する（**写真3**）。

新品の砥石はかなり外周振れがあるのでツルーイングするが、一度外周振れをとった砥石でも一旦、フランジから砥石を外すと、砥石の内径とフランジの外径に隙間があるため再び外周振れが発生する。その時は再度ツルーイングを行う。

▍砥石のバランス調整（2回目）

砥石をツルーイングしたことで1回目のバランスがくずれてしまうので、研削盤から砥石を取り外した後、再度バランス調整を行う。

Ⅳ．研削砥石の取付けと試運転

砥石の取外しの手順を以下に示す。

① 専用レンチを締付けナットにはめ、砥石をプラスチックハンマーで軽く叩いて緩めて外す（**写真4**）。締付けナットは左ねじなので右回りで緩む。

② 砥石抜取り用のナットをねじ込み、専用レンチをはめてプラスチックハンマーで軽くたたき砥石フランジを砥石軸から取り外す（**写真5**）。

③ 砥石を両手でしっかり支え、砥石を砥石軸から引き出す（**写真6**）。

バランス調整が完了したら、砥石を研削盤に再度取り付け、ドレッシング作業へ進む。

写真4　締付けナットを緩める

写真5　専用レンチで砥石を外す

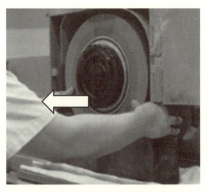
写真6　手前に砥石を引き出す

砥石の動バランスの取り方

　通常のバランス取りをした砥石にさらに精度の高いバランスを取るために**動バランス装置**が使われる。動バランス装置は砥石の回転による振動だけでなく研削盤全体から発生する振動を除去することができる。通常のバランス調整より精度の高いバランスが取れるので、要求される表面性状の精度が高い場合に使用する。動バランスは通常のバランス調整の後、さらに精度の高いバランスを取るもので、新品で外周が大きく振れている砥石のバランスを取る用途には使えない。動バランス装置は、本体（**写真1**）とそれに接続された振動ピック

写真1　動バランス装置本体

写真2　振動ピックアップ

Ⅳ. 研削砥石の取付けと試運転

アップ（**写真2**）という機器で構成される。
　動バランス装置によるバランスの取り方は、砥石カバーの上に振動ピックアップを置いて振動を測定し（**写真3**）、バランス測定後に指示される位置（**写真4**）にしたがってバランス駒を取り付ける。
　動バランス装置でバランスを管理する場合は、精度を維持するため定期的に測定を行う。

写真3　バランス測定時の振動ピックアップ

写真4　バランス駒の位置を表示

ドレッシング

　砥石の外周振れを取るツルーイングに対し、砥石の切れ味を再び回復、向上させるために行う作業を**ドレッシング**という。

　研削を行うと、砥粒が摩耗したり、気孔に切りくずが詰まったりと、だんだんと切れ味が落ちてくるとともに研削焼けなどのトラブルも起こりやすくなる。したがって、砥粒に微細な破砕を起こさせ鋭利な切れ刃を形成させたり、切りくずや結合剤を削り取り、チップポケットを確保することにより切れ味を回復させるために定期的にドレッシングを行う必要がある。ドレッシングは研削加工において非常に重要な作業である。

　一般的な研削砥石の場合、単石ダイヤモンドドレッサ（**写真1**）をホルダに取り付けた卓上式ドレッサ（**写真2**）でドレッシングを行う。先端のダイヤモンドは使用していくうちに摩耗して平坦になるので、ドレッサの軸を回転させ新しい角部が砥石に当たるように調整する。

写真1　単石ダイヤモンドドレッサ

写真2　卓上式ドレッサ

■ドレッシング条件

　平面研削盤におけるドレッシングは、**図1**に示すように砥石の作用面を前後方向に往復させる。

Ⅳ. 研削砥石の取付けと試運転

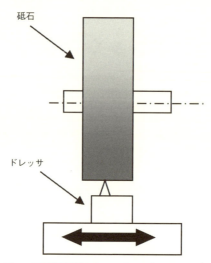

図1　平面研削盤のドレッシングのイメージ

　ドレッシング条件を設定する際、砥石1回転当たりのドレッサ送りとドレッサ切込みが重要な要素になる。研削能率を優先する加工や表面性状を要求される加工など、研削の種類や目的により砥石1回転当たりのドレッサの送りやドレッサの切込みをどのように設定するかを作業者が適切に判断する必要がある。

(1) ドレッサ送り

　ドレッシングにおいてドレッサが砥石表面の砥粒に当たり破砕させる必要があるから、**図2**に示すようにドレッサが各砥粒に1回は当たるように砥石1回転当たりのドレッサ送りを砥粒の直径以下にする必要がある。例えば、WA 60 K（粒度60）の砥石の砥粒の平均粒径は**表1**から0.25 mmであるから、ドレッサ送りは0.25 mm/rev以下にする。

　表2に砥石1回転当たりのドレッサ送りの目安を示す。

　ドレッサ送りを大きくすれば、砥石の目は粗くなり、その砥石で研削した仕上げ面は粗めになるが、大きめの切込みができる効率的な加工が可能となる。ドレッサの送りを小さくすれば、砥石の目は細かくなり、仕上げ面が良くなるが砥粒の切れ味は長持ちしない。

ドレッシング

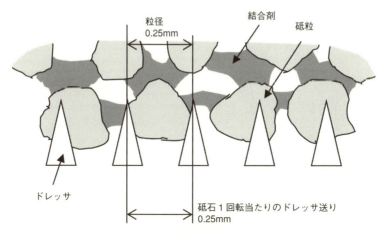

図2　ドレッサ送りと砥粒のイメージ

表1　粒度と砥粒の平均粒径

粒度（#）	平均粒径（mm）
46	0.350
60	0.250
80	0.177
100	0.125
120	0.105

おおよその平均砥粒径は以下の式で求めることができる。

$$平均砥粒径（mm）=0.6\times\frac{25.4（1インチ）}{粒度番号（\#）}$$

表2　砥石1回転当たりのドレッサ送りの目安

研削加工の種類	砥石1回転当たりのドレッサ送り
荒研削	1×平均砥粒径
中仕上げ研削	（0.5〜1）×平均砥粒径
仕上げ研削	（0.2〜0.5）×平均砥粒径
精密仕上げ研削	（0.1〜0.2）×平均砥粒径

Ⅳ．研削砥石の取付けと試運転

　例えば、WA 60 K（粒度 60 で平均砥粒径は 0.25 mm）で荒研削をするには、表 2 より「1×平均砥粒径」なので、砥石 1 回転当たりのドレッサ送りは、

　　　　$1 \times 0.25 = 0.25$ mm/rev

となる。

　また、仕上げ研削をするには、表 2 より「(0.2〜0.5) ×平均砥粒径」なので仮に 0.2 を使うと、

　　　　$0.25 \times 0.2 = 0.05$ mm/rev

となる。

　実際にドレッシングを行う際に研削盤に設定する送り条件は、**テーブル送り速度**を使用する。テーブル送り速度とは、卓上ドレッサが置かれた研削盤のテーブルの 1 分間当たりの送り量である。単位は mm/min となり、以下の式から求められる。

　　　　$F = n \times f$

　　　　　F：テーブル送り速度（mm/min）　　N：砥石回転数（min^{-1}）
　　　　　f：ドレッサ送り（砥石 1 回転当たりの送り）（mm/rev）

ここで、先ほどの例で挙げた WA 60 K で直径が 305 mm の砥石で回転数を 2,000 min^{-1} とした場合、荒研削および仕上げ研削の適正なテーブル送り速度はそれぞれ次のようになる。

　荒研削のテーブル送り速度は、

　　　　$2,000 \times 0.25 = 500$ mm/min

となる。目安として 1 秒間に約 8 mm 送るように送りハンドルを回せばよい。

　仕上げ研削のテーブル送り速度は、

　　　　$2,000 \times 0.05 = 100$ mm/min

となる。目安として 1 秒間に約 1 mm から 2 mm 程度で送るように送りハンドルを回せばよい。

　(2) 切込み

　基本的に切込みは、荒研削になるほど大きく、仕上げ研削になるほど小さく設定する。ただしドレッサの切込みは大きくても 30 μm 程度にする。40 μm

を超えるとドレッシングされた砥粒は破砕せず脱落が多くなるため、砥石を無駄に消耗するだけであるし、ドレッサのダイヤモンドも消耗を早めてしまう。例えば、荒研削でのドレスの切込みでは、1回目を$20\mu m$、2回目と3回目を$10\mu m$、続いて切込み0のドレスアウトを1～2回行う。仕上げ研削では、1回目を$10\mu m$、2回目～4回目を$5\mu m$、ドレスアウトを2回行う。

　ドレッシングする際に注意することはドレッサ先端のダイヤモンドの形状である。先端が摩耗して平坦になった状態では適切なドレッシングが行えないので、ドレッシングをする前に先端が鋭利かどうか確認する。

　以上のように研削の種類や目的に応じて適切なドレッサ送りと切込みを作業者が選択してドレッシングを行う。ドレッシングを行う適度なタイミングを見計るのは容易なことではないが、目つぶれ、目づまりが極度に進行しトラブルを引き起こす前にドレッシングを行わなければならない。

ドレッシングの手順

　ここでは平面研削盤のドレッシングの手順について説明する。

　通常、卓上式ドレッサをマグネットチャックに取り付けてドレッシングを行う。研削盤によっては砥石頭にドレッサが備え付けられているものもあるが、ドレッサの取付け精度が悪いとドレッシングによって生成される砥石の面の精度が悪くなるため注意が必要である。

　① ドレッサの先端は5～10°の傾きがついている（**写真3**）。砥石が右回転

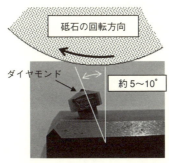

写真3　卓上式ドレッサの傾き

Ⅳ．研削砥石の取付けと試運転

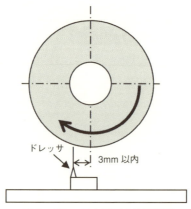

図3　ドレッサと砥石の位置関係

写真4　ドレッサの固定を確認

の場合、ドレッサ先端が回転方向から逃げる方向にして、砥石軸の中心の真下より左3 mm 以内に置く（**図3**）。左側に置くのは、砥石の回転によるドレッサ巻き込みを防ぐためである。

② マグネットチャックを励磁し、手でドレッサを押してしっかり固定されていることを確認する（**写真4**）。

③ 砥石軸の回転を起動し所定の回転数にする。ドレッシングにより発生する粉塵が飛散しないように吸塵装置を作動させる。

④ 砥石を卓上ドレッサ付近まで下降させる。

⑤ **図4**に示すようにドレッサの前後の移動量が砥石幅より片側につき20 mm 程度大きくなるように前後反転用ドグで前後のストロークを設定する（**写真5**）。

ドレッシング

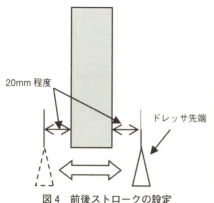

図4 前後ストロークの設定

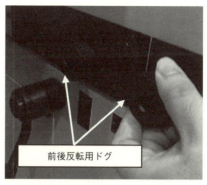

写真5 前後ストロークの調整

写真6 ドレッシングポイントに研削液をかける

⑥ 砥石をゆっくりと下降させ卓上ドレッサに当てる。衝突させないように注意する。衝突させてしまうと深い溝ができ、取り除くのに時間がかかる。

⑦ ドレッシングポイントに十分な研削液をかける（**写真6**）。ダイヤモンドは比較的低い温度で燃焼するので乾式で行うと急速に摩耗する。

⑧ ドレッサを切込み、前後往復運動を開始する。ドレッシングの音が断続的な音であれば連続的な音になるまで繰り返す。ドレッシングの一定の音が連続して聞こえるようになったら、前述のとおり研削の種類や目的に応じたテーブル送りとドレッサ切込みを設定し、ドレッシングの工程を開始する。

Ⅳ. 研削砥石の取付けと試運転

超砥粒ホイールのドレッシング

　cBN やダイヤモンドの超砥粒ホイールのドレッシングは、W 系砥石またはG 系砥石とこすり合わせることにより結合剤のみを削り落とし、cBN やダイヤモンドの砥粒を露出させることにより切れ味を回復させる。ここでは二つの方法を紹介する。

▌ブレーキ制御式ドレッシング

　ブレーキ制御式ドレッシング装置は、回転する GC 砥石が装着されており、回転している超砥粒ホイールに周速差をつけて接触させることによりツルーイングおよびドレッシングを行う。

　以下に手順を紹介する。

　① ドレッシング装置を砥石の回転中心の真下か、ほんの少し左側に置き(**写真1**)、少し傾けてマグネットチャックに固定する（**図1**）。

　② 周速度はドレッシングによる抵抗で主軸が止まらない程度（1分間に数百回転程度）の低回転で行う。加工と同じ周速度でドレッシングを行うとドレッシング効果が落ちてしまう。

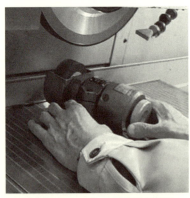

写真1　ドレッシング装置の設置

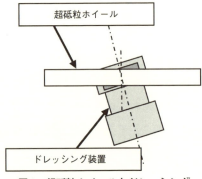

図1　超砥粒ホイールとドレッシング装置の位置

超砥粒ホイールのドレッシング

写真2　手動ブレーキ式ドレッシング装置

③ ゆっくり砥石頭を下していき、ドレッシング装置の砥石に静かに接触させる。

④ 超砥粒ホイールの回転によりドレッシング装置の砥石も回り始める。ドレッシング装置のブレーキをきかせ超砥粒ホイールと周速差をつける。これによりホイールとドレッシング装置の砥石に滑りが生じて、ツルーイングおよびドレッシングが行われる。**写真2**に手動でブレーキをかけるタイプのドレッシング装置を示す。

⑤ 滑りを維持しつつテーブルを前後往復させながら $5\mu m$ ずつ切り込む。

超砥粒ホイールはフランジに取り付けた最初の状態は外周振れがあるためツルーイングにより除去しなければならないが、普通砥石ほど早く摩耗しないのでかなり時間がかかる。また、cBNやダイヤモンドは高価なので外周触れが取れるまでは荒研削に使用すると超砥粒を有効に使用できる。また、一度フランジに取り付けたら極力外さないことをお勧めする。外すと再び外周振れを取る手間がかかるためである。

Ⅳ. 研削砥石の取付けと試運転

■GCスティック砥石によるドレッシング

　GC 砥粒を使った棒状の砥石（**スティック砥石**）を回転する超砥粒ホイールに当ててドレッシングを行う。以下に手で持って行う方法の手順を紹介する。

　① 回転数が高いとドレッシング効果が低くなるため1分間に数百回転程度に設定する。

　② 砥石軸より左側から砥石をゆっくり近づけ、押しつけるように当てる（**写真3**）。この時、誤って手がホイールに触れないようスティック砥石を持った両手をマグネットチャックに置き、安定した姿勢で十分注意して行う。

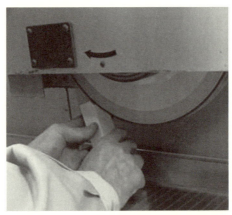

写真3　スティック砥石によるドレッシング

V

被 削 材

チェックシート

被削材	技量水準 1	2	3	4	スコア
研削性を説明できる。					
研削性に影響を及ぼす因子を知っている。					
鉄鋼材料の材料記号が読める。					
鉄鋼材料の種類を知っている。					
硬さの記号と意味を知っている。					
引張り強さの意味を説明できる。					
熱伝導率を説明できる。					
鋼材の鉄-炭素系平衡状態図と組織を説明できる。					
熱処理の種類と組織・硬さの違いがわかる。					
硬質物質の硬さについて知っている。					
加工変質層について知っている。					
機械構造用炭素鋼の特徴と化学成分・組織・硬さの違いがわかる。					
機械構造用合金鋼の特徴と主な化学成分・組織・硬さの違いがわかる。					
炭素工具鋼の特徴と主な化学成分・組織・硬さの違いがわかる。					
合金工具鋼の特徴と主な化学成分・組織・硬さの違いがわかる。					
軸受鋼の特徴と主な化学成分・組織・硬さの違いがわかる。					
ステンレス鋼の特徴と主な化学成分・組織・硬さの違いがわかる。					
鋳鉄の特徴と主な化学成分・組織・硬さの違いがわかる。					
非鉄金属材料の言葉の意味を知っている。					
アルミニウム合金の特徴と主な化学成分・組織・硬さの違いがわかる。					
銅合金の特徴と主な化学成分・組織・硬さの違いがわかる。					
チタン・チタン合金の特徴と主な化学成分・組織・硬さの違いがわかる。					
マグネシウム合金の特徴と主な化学成分・組織・硬さの違いがわかる。					
脆性材料の意味がわかる。					
超硬合金の特徴と主な化学成分・組織・硬さの違いがわかる。					
サーメットの特徴と主な化学成分・組織・硬さの違いがわかる。					
ファインセラミックスの特徴と主な化学成分・組織・硬さの違いがわかる。					
材料と研削方法から砥石を選ぶことができる。					

加工材料の研削性

研削性とは、能率良く目的の精度を達成できる程度を表す。能率は、一定時間の研削量や砥石の減った量などで比較する。精度は、表面粗さ、寸法、うねり、焼け、割れなどで比較する。

研削性に大きく影響を及ぼす材料因子は、硬さ、伸び、硬質物質の種類と量、熱伝導率などである（図1）。材料の硬さや硬質物質の種類と量は、材料の化学成分と組織に起因する。材料の組織は、加工や熱処理によって変化する。

本章は、鉄鋼材料と非鉄金属に分けて研削性に影響を及ぼす因子を中心に解説を行い、被削材から見た砥石の選択方法を解説する。

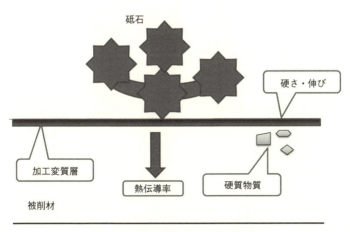

図1 研削性に影響を及ぼす材料因子

Ⅴ．被削材

鉄鋼材料の基礎知識

■ 材料記号

　JISにおける鉄鋼材料の材料記号（鉄鋼記号）は、鉄鋼材料の規格分類に従って原則として、①材質、②規格または製品名、③種類の3つの部分から構成されている。**表1**に材料記号と解説の例を示す。

　① 材質

　鉄鋼材料は鋼（Steel）の頭文字でS、または鉄原子（Ferrum）の頭文字でFから始まるものがほとんどである。

　② 規格または製品名

　Sは一般構造用圧延材（Structural）、Cは鋳造品（Casting）、CMはクロム・モリブデン鋼（Chromium Molybdenum）、USはステンレス鋼（Special Use Stainless）、KDはダイス鋼（Kougu Die）のように決められている。S 45 Cは、この項目は省略されている。

　③ 種類

　SS 400、FC 200の400、200は最低引張り強さを表し、S 45 Cの45 Cは炭素含有量、SCM 440 Hの440は最初の4が主要合金成分量を表し、40は炭素含有量を示す。SUS 304やSKD 11の304、11は種類を表す。

表1　材料記号の例

材料記号	説　　　明
SS 400	①鋼　②一般構造用圧延材　③引張強さ 400～510 MPa
FC 200	①鉄　②鋳造品　③引張強さ 200 MPa 以上
S 45 C	①鋼　③炭素量 0.42～0.48％
SCM 440 H	①鋼　②クロームモリブデン鋼　③合金成分量　④H 鋼
SUS 304	①鋼　②ステンレス鋼　③種類
SKD 11	①鋼　②工具鋼　③種類

また、末尾に形状や製造方法・熱処理などを記入する場合もある。SCM 440 H の H は、焼入れ性を保証した記号になる。

鉄鋼材料の種類

鉄鋼材料は大きく分けて、**純鉄**、**鋼**、**鋳鉄**の3種類に分かれる。この分類は合金元素の炭素量で分かれていて、炭素量0.02%以下を**純鉄**、0.02～2%までを**鋼**、2%以上のものを**鋳鉄**と呼んでいる。さらに鋼材はJISで、機械構造用炭素鋼・合金鋼、特殊用途鋼、グラッド鋼、鋳鍛造品、電気材料、棒・形鋼・鋼板・線帯、鋼管、線材の分類になっている。

図1に本章で取り上げる鉄鋼材料を示す。主に鋼材をメインに取り上げる。

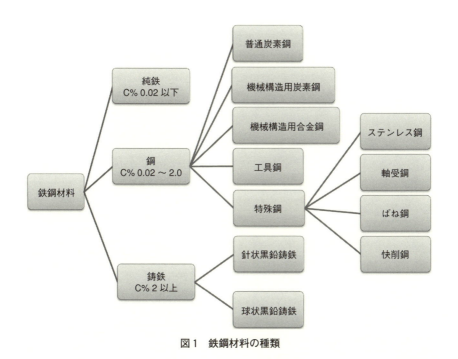

図1　鉄鋼材料の種類

V. 被削材

鉄鋼材料の機械的性質

硬　さ

　研削能率に最も影響のある機械的性質は硬さである。研削砥石を選択する際も硬さが重要になる。これは、同じ規格の材料であっても製造方法や熱処理、機械加工などで硬さが変化し、選択する砥石が変わってくるからである。

　写真1にS45Cの金属組織と硬さの変化を示す。写真1の組織変化は、熱処理によって生じたものである。硬さが軟らかい順（173 HV～679 HV）に、焼なまし、焼ならし、焼入れ焼もどし、焼入れという処理を行った際の金属組織と硬さである。

　硬さ試験方法はJISに、ブリネル硬さ試験（HBW）、ビッカース硬さ試験（HV）、ロックウェル硬さ試験（HR）、その他の7種類が規定されている。

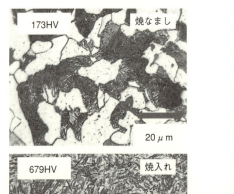
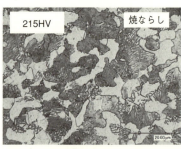
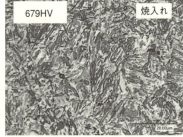
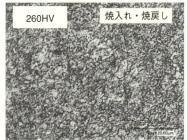

写真1　S45C金属組織と硬さの変化

鉄鋼材料の機械的性質

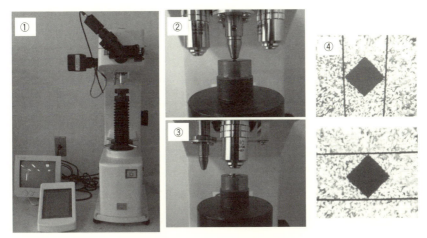

写真2　ビッカース硬さ試験

　ブリネル硬さ試験とビッカース硬さ試験は、硬い圧子を材料に押し当てた力を、くぼんだ表面積で割った値を硬さ試験の数値にしている。大きな力で少ししかくぼまない時は、数値が大きくなり硬いと評価する。圧子の形と試験力の違いだけで数値的には近い値になる。ブリネル硬さは軟らかい材料（素材）に使用される。ビッカース硬さは、1種類の圧子で軟らかい材料から硬い材料まで測定可能である。試料は比較的小さく、前加工が必要なため研究室・実験室や文献などで使用されることが多い。

　写真2にビッカース硬さ試験機の測定機と試験状況を示す。写真2の①は測定機外観、②は圧子を材料に押し当てている状態、③、④はくぼんだ材料の表面を観察測定をしている。

　ロックウェル硬さ試験は、硬い圧子を材料に押し付け、押し込んだ深さで硬さを評価している。使用する圧子と押しつける荷重によって、A〜H、K、スーパフィシャルNおよびTスケールが規定されている。鉄鋼材料の熱処理で焼入れ材の評価にHRCがよく使用される。

V. 被削材

■引張り強さ

　引張り試験は材料強度を示す代表的な試験である。JISで規定された試験片を使い、引張り、最大応力、降伏応力、伸びなどを測定する。引張り強さとは、最大応力のことである。引張り強さは硬さにおおよそ比例するため、砥石選択の基準として用いることができる。また、材料の伸びも砥石選択の重要な要素である。伸びの大きい（よく伸びる）材料を**延性材料**、伸びの小さい（ほとんど変形せずに破断）材料を**脆性材料**と呼んでいる。

　写真3に引張試験機、**図1**にJISで規定した試験片と測定グラフを示す。

　引張試験で測定した結果は、荷重（N）を元の断面積（mm^2）で割った応力（N/mm^2）で評価をする。通常、MPaの単位で表す。「SS 400」は、引張強さ400 MPa以上を保証した材料ということを示している。これは、断面積1 mm^2の材料を400 N（41 kgf）で引っ張っても破断しないことを示している。また、伸びは、実際に伸びた量（mm）を元の長さ（mm）で割ったひずみで評価する。「伸び10％」と表現する場合は、最大ひずみに百分率をかけたもので表している。実際に材料を評価するグラフは、横軸にひずみを縦軸に応力を取った応力－ひずみ線図で表される。

写真3　引張試験機

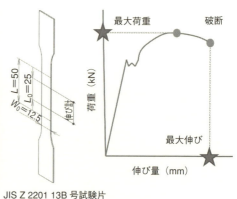

JIS Z 2201 13B号試験片

図1　引張試験片と測定グラフ

熱伝導率

熱伝導率とは、材料の熱の伝わりやすさである。この数値が大きい場合は熱が伝わりやすいと判断する。魔法瓶や風呂釜で使用されているステンレス鋼（SUS 304）は、熱が伝わりにくく炭素鋼の約1/3程度である。熱が伝わりにくいと、研削で発生した熱が材料・切りくずに逃げず、刃先と材料表面の温度が上がりやすく、様々なトラブルを引き起こす原因となる。一般に熱伝導率の低い材料は研削しにくいということになる。

表1に各種材料の熱伝導率と物性を示す。

SUS 304、ニッケル合金（ハステロイなど）、チタンは、熱伝導率が悪く加工しにくい金属の代表選手である。非金属では、ガラスやセラミックスも一般的には熱伝導率の低いものが多く、研削性の悪い材料である。銅やアルミは熱伝導率が良く、研削で発生した熱は材料と切りくずに伝わりやすく、刃先の温度が抑制され研削性を上げることが可能となる。

また、熱膨張係数の大きな材料は、加工熱によって製品が膨張しやすい。ヤング率の低い材料は、加工の力によって弾性変形を起こしやすい。

表1 各種材料の熱伝導率と物性

材料	比重	溶融点 (℃)	熱膨張係数 (/℃)×10⁻⁶	比熱 (cal/gr/℃)	熱伝導率 (cal/cm²/s/℃/cm)	電気比抵抗 (μΩ-cm)	ヤング率 (kg/mm²)
鉄	7.9	1,530	12	0.11	0.15	9.7	21,000
SUS 420	7.8	1,400	10.1	0.11	0.059	57	20,400
SUS 304	7.9	1,410	17	0.12	0.039	72	20,400
アルミニウム	2.7	660	23	0.21	0.49	2.7	7,050
銅	8.9	1,080	17	0.092	0.92	1.72	11,000
ニッケル	8.9	1,450	15	0.11	0.22	9.5	21,000
ハステロイ	8.9	1,300	11.3	0.092	0.03	130	20,860
チタン	4.5	1,670	8.4	0.124	0.041	55	10,850
カーボン	1.8	—	4.4	0.20	0.31	0.9	1,400
ガラス	2.4	800	9	0.25	0.003	—	10,000

Ⅴ．被削材

温度変化による鉄鋼材料の組織変化

　状態図とは、温度を変化させた時の物質の状態を表した図である。例えば1気圧の地上では、100℃以上では水（液体）は沸騰して水蒸気（気体）に変化し、0℃以下では水は氷（固体）に変化する様子を表したものである。液体から気体もしくは固体と変化することを**変態**と呼んでいる。**図1**は温度と気圧を変化させた時の水の変化を表したものである。

　また、鉄の状態図は**図2**の通りである。鉄は固体の状態で3回も組織変化を起こしている。この最初の組織変化が熱処理に大きく影響を及ぼし、焼入れで硬くなる理由でもある。鉄を910℃以上に加熱すると、**面心立方格子**という原子配列になる。この時の組織を**オーステナイト**（γ）と呼んでいる。

　910℃以上の温度からごくゆっくり冷やしていくと、910℃以下の時点で原子配列が**体心立方格子**に変化する。この時の組織を**フェライト**（α）と呼んでいる。

　体心立方格子の結晶構造をもつ金属は、Fe（α）、Cr、Na、Mo、Vなどである。特徴は、原子配列が粗（隙間が多く、原子充填率は約68%）、侵入型元素（酸素・窒素など）が入りやすい、面心立方格子に比べ強度がある（加工しにくい）、低温で脆くなる、などである。

　面心立方格子の結晶構造をもつ金属は、Au、Ag、Cu、Al、Fe（γ）、Niなどである。特徴は、原子配列が密（隙間が多く原子充填率は約74%）、侵入型元素が入りにくい、加工しやすいなどである。

　このことから、910℃を境に鉄は体積が変化することになる。結晶構造が変化し体積が変わることは、焼入れした材料を研削加工した際に研削割れや寸法変化を起こす原因と関係している。

　鉄-炭素系平衡状態図とは、鉄の状態図に炭素を加える量を変化させ、材料を高温（液体）まで熱してから、ごくゆっくり冷やした時（平衡状態）の温度による組織の変化を表した図である。横軸に炭素量（mass%）を、縦軸に温

温度変化による鉄鋼材料の組織変化

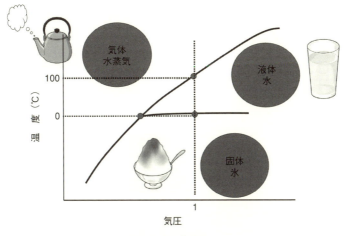

図1　水の状態図

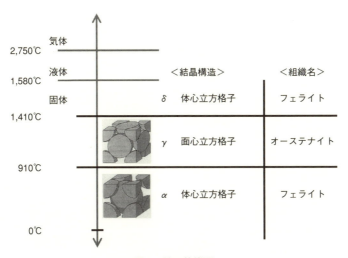

図2　鉄の状態図

度（℃）をとる。本節では、研削砥石の選択に関係する部分をピックアップする。図3に鉄炭素系の平衡状態図の一部を示す。

炭素量が0.02〜0.8%までの鋼材を**亜共析鋼**と呼んでいる。この鋼種をオーステナイト状態まで加熱し、ゆっくり冷やしていくと、図4の通りオーステナ

V．被削材

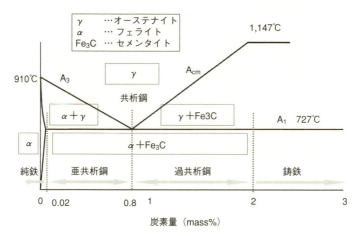

図3　鉄-炭素系平衡状態図

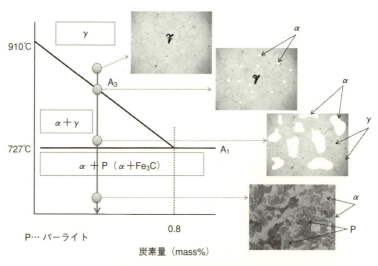

図4　亜共析鋼の平衡状態図

イトの状態で A_3 点まで下がってくる。1つ1つの粒を**結晶**と呼び、結晶と結晶の境目を**結晶粒界**または**粒界**と呼んでいる。そのまま冷却を続けて A_3 点を超えると、結晶粒界（粒界）からフェライトが析出（固体から新たな固体が現

れること）する。析出したフェライトは温度の低下と共に A_1 点（727℃）まで成長を続ける。この A_3 点～A_1 点の間の組織はオーステナイトとフェライトである。さらに温度を下げていくと、A_1 点直上でオーステナイト組織だった部分がフェライトとセメンタイトに変化し層状に析出して、**パーライト**と呼ばれる縞状の組織になる。

　フェライトは、純鉄に近い状態で非常に軟らかい（80 HV）組織である。**セメンタイト**は、文字通りセメントのように硬く（1,100 HV）、鉄3つと炭素1つの割合で構成されている。化学記号で書くと Fe_3C となる。パーライトはフェライトとセメンタイトの混合組織であるので、硬さは約 280 HV とフェライトに比べると3倍ほど硬い。このことから、炭素が多いと硬いセメンタイトが増えてパーライトが増加し、全体の強度（硬度）を上昇させる。

　炭素量が 0.8％ の鋼材を**共析鋼**と呼んでいる。この鋼種をオーステナイト状態まで加熱し、ゆっくり冷やしていくと、**図5**の通りオーステナイトの状態で A_1 点まで下がってくる。さらに温度を下げると、オーステナイトがフェライトとセメンタイトに変化し層状に析出して、すべてがパーライト組織になる。1つの固体の組織から2つの固体の組織が析出することを**共析**（共に析出する）

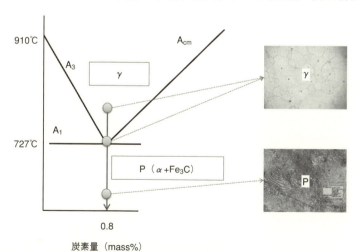

図5　共析鋼の平衡状態図

V. 被削材

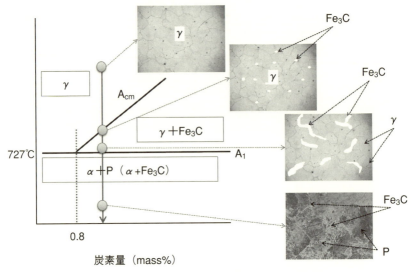

図6 過共析鋼の平衡状態図

と呼んでいる。

　炭素量が0.8～2.0%までの鋼材を**過共析鋼**と呼んでいる。この鋼種をオーステナイト状態まで加熱し、ゆっくり冷やしていくと、**図6**の通りオーステナイトの状態で A_{cm} 点まで下がってくる。そのまま冷却を続けて A_{cm} 点を超えると、結晶粒界（粒界）からセメンタイトが析出する。析出したセメンタイトは温度の低下と共に A_1 点（727℃）まで成長を続ける。この A_{cm} 点〜A_1 点の間の組織はオーステナイトとセメンタイトである。

　さらに温度を下げていくと、A_1 点直上でオーステナイト組織だった部分がフェライトとセメンタイトに変化し層状に析出して、パーライトになる。粒界に析出した硬いセメンタイトは網状に存在し、衝撃値の低下を招く。通常、過共析鋼は衝撃値低下を防ぐため、セメンタイトを球状化して販売されている。

鉄鋼材料の熱処理

熱処理とは、材料に熱を加えて冷やすことにより材料の組織を変化させ、目的の機械的性質を得ることである。鉄鋼の代表的な熱処理を以下に示す。

焼ならし（N：Nomalize）：標準にする（靱性化）
焼なまし（A：Annealing）：軟らかくする（軟化）
焼入れ（Q：Quench）：硬くする（硬化）
焼戻し（T：Temper）：粘くする（強靭化）

■ 焼ならし

焼ならしは、組織を均一にする熱処理である。低炭素鋼（140HV以下）の焼ならしは、組織を微細に均一化し、材料強度を高める目的で行われる。また、焼入れむらを防止する目的で焼入れの前処理として行われる。

写真1に、焼ならしによる組織の改善と硬さの変化を示す。焼ならしをした材料を研削する場合、組織が微細で均一なため安定した仕上げ面が得やすい。

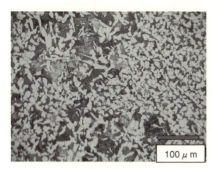 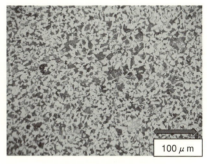

購入素材　　　　　　　　　　焼ならし（890℃、1H、空冷）
163HV　　　　　　　　　　　　　　183HV

写真1　S25Cの購入素材と焼ならしの組織と硬さの比較

V. 被削材

焼なまし

　焼なましは、組織を大きくし材料を軟化させる熱処理である。目的に応じて、軟らかくして加工性を良くする**完全焼なまし**、変形・変寸防止するために加工工程で生じた内部応力を除去する**応力除去焼なまし**、機械加工性や冷間加工性を改善し靱性を向上させる**球状化焼なまし**などがある。**写真2**に、完全焼なましによる組織の改善と硬さの比較を示す。

　球状化焼なましは、炭化物の多い材料に実施され、機械加工後に焼入れ・焼戻しを実施し、その後、研削工程に移る。この炭化物の球状化の程度が研削性を大きく左右する要因となっている。

購入素材　　　　　　　　　　　焼なまし（890℃、1H、空冷）
317HV　　　　　　　　　　　　　185HV

写真2　SCM 435 購入素材と焼なましの組織と硬さの比較

焼入れ・焼戻し

　焼入れは、組織を変化（マルテンサイト）させ硬くする熱処理である。焼戻しは、焼入れで硬く脆くなった組織を硬度を下げて靱性を上げる熱処理である。焼入れのみでは脆くて機械部品として使い物にならないため、焼入れと焼戻しはセットで行われる。

　写真3に、S 45 C の焼入れマルテンサイト組織と硬さ、焼戻し微細パーライト組織と硬さを示す。焼戻しには、硬度を保ったまま靱性を上げる**低温焼戻し**

鉄鋼材料の熱処理

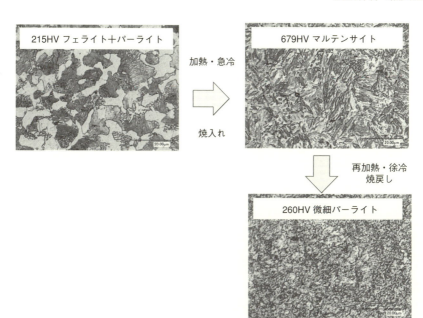

写真3　S45Cの焼入れと焼入れ・焼戻しの組織と硬さの比較

表1　SCM 435 焼戻し温度による硬さと衝撃値の比較

熱処理条件	シャルピー値	硬さ
890℃ 焼入れ	17 J/cm²	52 HRC（550 HV）
890℃ 焼入れ、180℃ 焼戻し	50 J/cm²	51 HRC（530 HV）
890℃ 焼入れ、600℃ 焼戻し	213 J/cm²	31 HRC（310 HV）

と、硬度は下がるが靭性を飛躍的に向上させる**高温焼戻し**がある。低温焼戻しは主に耐摩耗性を必要とする部品に、高温焼戻しは引張り・疲労強度を必要とする部品に適応される。

表1にSCM 435の焼戻し温度による硬さと衝撃値の違いを示す。

焼入れをすると大きな変形を伴うため、機械加工後に焼入れ・焼戻しを実施し、研削工程に移る。焼戻しの程度により研削性が大きく左右される。

V. 被削材

研削性を悪くする組織

■硬質物質

鉄鋼材料の場合、鉄（Fe）に炭素（C）が添加されると鉄と炭素の化合物のセメンタイト（Fe_3C）が存在する。鉄と炭素の合金に、鉄よりも炭素と結びつきやすい金属が添加されると、炭化物を形成して組織の中に存在する。鋼材に添加される代表的な元素はクロム（Cr）、タングステン（W）、バナジウム（V）、モリブデン（Mo）などで、これらの炭化物の硬さは1,600〜3,000 HVに達する。この硬さは研削砥石の砥粒の硬さに匹敵し、炭化物の大きさや分布が研削性に大きく影響を及ぼす。

写真4にSKD 11の組織写真を示す。この写真の材料は、Cr、Mo、Vの炭

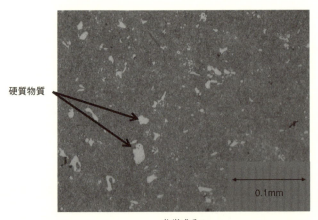

化学成分

C	Si	Mn	P	S	Cr	Mo	V
1.50〜16.0	0.10〜0.40	0.60以下	0.030以下	0.030以下	11.00〜13.00	0.80〜1.20	0.20〜0.50

写真4　SKD 11（購入素材）の組織

化物が大きさ・分布状態が不均一な形で分散しているのがわかる。この材料は、焼入れ・焼戻し後も硬質物質の不均一な状態は是正されずに残った状態となる。**写真5**に写真4の材料を焼入れ・焼戻しした時の組織と硬さを示す。

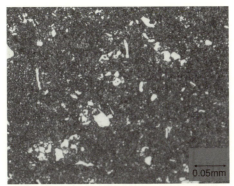

硬さ：炭化物（白）2289HV 地（色つき）734HV
写真5　SKD 11 焼入れ・焼戻し材の組織と硬さ

■加工変質層

　加工変質層は、機械加工や熱処理によって表面近傍の組織が変化することである。

　機械加工で大きな力が加わると、力を受けた方向に組織が引き延ばされ細長くなり、その部分の硬度が高くなる。これを**加工硬化**と呼んでいる。硬化の度合いは、大きな力を受けた加工ほど表面からの距離も深く・硬くなる。硬さは、強加工の場合、約2倍に達することもある。

　写真6にSUM 22の穴加工断面組織を示す。穴加工により力を受け組織が変形しているのがわかる。加工の影響は$50\mu m$ほどに達している。

　鋼材が高温で空気中の酸素に触れると、表面近傍の炭素と酸素が反応して脱炭を起こす。脱炭を起こした部分は軟らかいフェライトが中心の組織となるため軟化する。また、焼入れをしても最表面は軟らかく、少し中が硬い組織になる。脱炭後、さらに高温内で空気中の酸素と水分（水蒸気）にさらされると、表面近傍の鉄と酸素が反応して酸化(錆びる)する。鉄の酸化膜(Fe_3O_4、Fe_2O_3)

Ⅴ. 被削材

は非常に硬く、硬さは 600～1,000 HV に達する。**写真 7** に S 45 C の酸化と脱炭組織を示す。

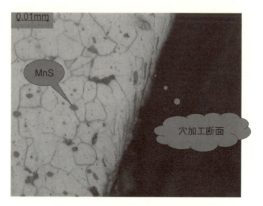

写真 6　SUM 22 の穴加工断面組織

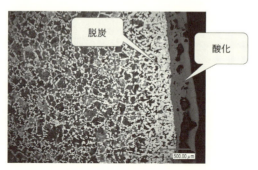

写真 7　S 45 C の酸化と脱炭組織

各種鉄鋼材料の特性

▍機械構造用炭素鋼

　機械構造用炭素鋼は鉄と炭素の合金で、炭素量の違いによってＳ10ＣからＳ58Ｃまで20種類と、Ｓ09ＣＫ他3種類がはだ焼用として規定されている。Ｓ10Ｃの10Ｃは、炭素含有量0.08～0.13％の中央値を表している。通常、同じ処理をされた素材（結晶粒度が同じ）は、炭素量が多い方が材料強度（引張り強さ、硬さ）が高く、伸びが小さい。Ｓ10ＣよりもＳ50Ｃの方が硬くて脆いということである。図1に炭素量と硬さ・伸びの関係を示す。

　一般的な材料の使用方法は下記のとおりである。研削加工は、最終仕上げの段階で必要に応じ用いられる。

　Ｓ10Ｃ～Ｓ25Ｃは、素材のままか必要に応じて焼ならしを行い、機械加工後、材料は比較的軟らかい状態で最終仕上げをして提供される。

　Ｓ28Ｃ～Ｓ58Ｃまでは、素材のままか、必要に応じて焼なまし・焼ならしを

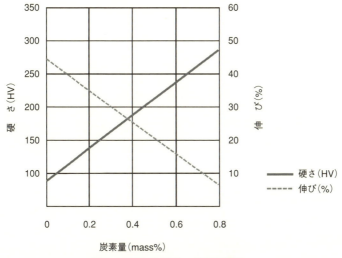

図1　炭素量と硬さ・伸びの関係

行い、機械加工後に焼入れ・焼戻しで機械的強度を大きく上げてから最終仕上げをして提供される。

S 09 CK〜S 20 CK は、機械加工後に浸炭焼入れ・焼戻しを行い表面硬度を大きく上げ、最終仕上げをして提供される。

■機械構造用合金鋼

機械構造用合金鋼は、機械構造用炭素鋼に合金元素を添加し焼入れ性を改善した材料である。焼入れ性の向上とは、焼入れの時に現在よりもさらに内部まで硬度を上げ、変形を防ぐためにゆっくり冷やしても内部まで硬度を上げることである。

JIS では、添加する合金成分の違いにより SMn 420 や SNCM 815 など 39 種類規定されている。この中の 24 種類は、焼入れ性を保証した H 鋼（SCM 440 H など）も JIS で規定している。

これらの鋼種は、素材のままか、必要に応じて焼なまし・焼ならしを行い、機械加工後に、炭素量の多い鋼種（0.3% 以上）は焼入れ・焼戻しで機械的強度を大きく上げてから、炭素量の少ない鋼種（0.3% 未満）は浸炭焼入れ・焼戻しを行い表面硬度を大きく上げ、その後、最終仕上げをして提供される。

焼入れ・焼戻しをして使用する材料を**調質材**と呼び、使用目的によって 200 HV〜350 HV 程度に硬さを調整する。組織は微細パーライトと呼ばれ、ほぼ均一な状態になっている。**写真1**に SCM 435 の焼戻し温度と硬さの関係を示す。

浸炭焼入れの表面の組織は、マルテンサイト組織と球状セメンタイトが存在する。マルテンサイトの硬さは約 800 HV で非常に硬い組織となる。また、最表面に脱炭層や酸化膜が生成されると、硬くて非常に脆い部分（酸化膜）や軟らかい部分（脱炭層）と浸炭焼入れの組織が混在し、研削トラブルの原因となる。**写真2**に SCM 415 の浸炭焼入れ・焼戻し材の組織と硬さの関係を示す。

各種鉄鋼材料の特性

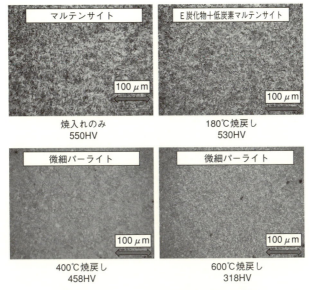

写真1　SCM 435 の焼戻し温度と硬さの関係

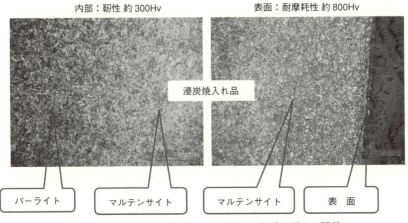

写真2　SCM 415 の浸炭焼入れ・焼戻しの組織と硬さの関係

V. 被削材

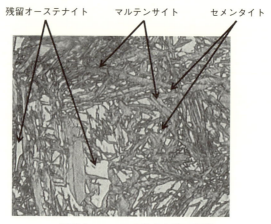

写真3　SK 105 の焼入れ後の組織

■炭素工具鋼

　炭素工具鋼は、焼入れ・焼戻し後の硬さを高くするために添加する炭素量を多くしている。炭素量の違いによって SK 60 から SK 140 まで11種類が規定されている。この鋼種は、素材のまま機械加工を行い焼入れ・焼戻しをして、最終仕上げ後、製品として提供される。素材は焼なまし（球状化焼なまし）状態で供される。

　焼入れ・焼戻し後、組織は素地のマルテンサイトと球状炭化物のセメンタイト（Fe_3C）が耐摩耗性を向上させている。マルテンサイトの硬さは 800 HV、セメンタイトは 1,100 HV である。購入素材は 200 HV 程度である。この鋼種は炭素量が多いので、焼入れ後、サブゼロ処理などで残留オーステナイトを少なくしておかないと研削割れや寸法変化の原因となる。**写真3**に SK 105 の焼入れ後の組織を示す。白く大きな部分が残留オーステナイトで、大量に存在しているのが確認できる。

■合金工具鋼

　合金工具鋼は、その目的に応じ合金元素を添加して焼入れ性・耐摩耗性などを炭素工具鋼に対して大幅に向上させた鋼種である。鋼材の鋼種は、主に切削

各種鉄鋼材料の特性

NAK55 約 400HV

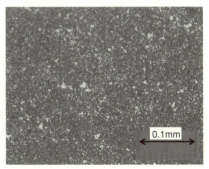
SKH2 約 800HV

写真 4　SKH 2 と NAK 55 の組織と硬さ

工具用、耐衝撃工具用、冷間金型用、熱間金型用と用途ごとに 32 種類規定されている。添加される合金元素の Cr、W、V、Mo は炭化物を生成する。これらの炭化物の硬さは 1,600〜3,000 HV である。

切削工具用や冷間金型用（プレス加工）は、マルテンサイト地にこれらの炭化物が未溶解で多く分散し、研削性を著しく低下させている。硬さは 700〜900 HV である。熱間金型用（プラスチック金型、ダイカスト金型）は、未溶解の大きな炭化物の生成はなく、硬さも 400〜550 HV（42〜52 HRC）前後で比較的研削性は良い。写真 4 に熱間金型用の NAK 55 と切削工具用 SKH 2 の組織写真と硬さを示す。

■軸受鋼

軸受鋼は、高炭素鋼に Cr を添加しマルテンサイト地に Cr の球状炭化物を細かく分散して耐摩耗性の向上を図った材料である。非常に硬く（約 700〜800 HV）研削性の悪い材料ではあるが、材料的には非常に均一で、ばらつきの少ない鋼種なので、条件が合えば研削のトラブルは少ない。

■ステンレス鋼

ステンレス鋼は、鉄（Fe）にクロム（Cr）を 11% 以上添加して腐食しにく

V. 被削材

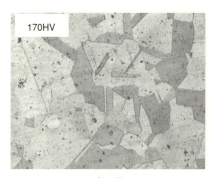
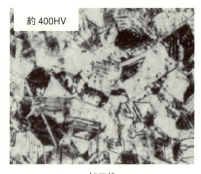

加工前　　　　　　　　　　　　　加工後

写真5　SUS 304 加工誘起マルテンサイト

くした鋼材である。ステンレスの語源は、英語の stain（錆びる）と less（否定）からできている。ステンレス鋼は、熱伝導率が悪く（鋼材の約 1/3）、力が加わると加工硬化を起こすため、研削性は一般鋼材に比べかなり劣る。目的に応じて、安価なフェライト系、耐食性を向上させたオーステナイト系、焼入れを可能にしたマルテンサイト系の3種類に分かれている。

オーステナイト系ステンレス鋼は最も一般的なステンレス鋼で、SUS 304 は特に多く使われステンレス鋼の約 80% を占める。研削に関する特徴は、①熱伝導率が特に悪く鋼材の約 1/4 程度、②力を加えるとオーステナイト組織が加工誘起マルテンサイト組織に変化し、硬度が元の組織（170 HV）に比べ3倍程度（500 HV）になることもある、③非磁性である。**写真5**に SUS 304 の加工前と加工後の組織と硬さを示す。

マルテンサイト系ステンレス鋼は、炭素（C）を 1% 含有し、焼入れによる硬化を可能にした鋼材である。耐食性は他のステンレス鋼より劣る。研削工程は熱処理後行われるため、研削性は炭素鋼の焼入れ組織に比べ悪い。

鋳　鉄

鋳鉄は炭素含有量約 2% 以上で、金型に溶けた鉄を流し込んで製作する。炭素量が多いため硬くて脆い性質をもっている。代表的な鋳鉄は、**ねずみ鋳鉄**

（FC）と**球状黒鉛鋳鉄**（FCD）がある。

　ねずみ鋳鉄の組織は、素地がパーライトで過剰な炭素は黒鉛として存在する。この黒鉛の形状が断面で見るとネズミのひげに似ているので、ねずみ鋳鉄と呼ばれている。振動減衰性が良く、黒鉛部分がポーラス状（軽石のように穴だらけ）になっているため潤滑油が染み込み摺動性に優れ、工作機械のベッドなどに多く利用されている。針状の黒鉛がクラックの起点となり引張り強さは鋼材では低炭素鋼並みだが、素地がパーライトなので研削する際の表面は意外と硬い。また、黒鉛部分が研削液を吸い込み、錆の発生が問題になる。

　球状黒鉛鋳鉄は黒鉛部分を球状にコントロールしたもので、ねずみ鋳鉄に比べ引張り強さを向上させたものである。黒鉛を球状化することで熱伝導率が悪くなり、ねずみ鋳鉄に比べ研削性が劣る。

写真6に針状黒鉛鋳鉄と球状黒鉛鋳鉄の組織を示す。

 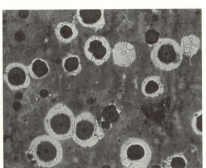

　　　針状黒鉛鋳鉄　　　　　　　　球状黒鉛鋳鉄

写真6　針状黒鉛鋳鉄と球状黒鉛鋳鉄の組織

Ⅴ. 被削材

非鉄金属材料

　非鉄金属材料とは、鉄が主成分以外の機械材料を表す。量的には、ほとんどがアルミニウム合金である。この節では、機械部品で広く使われているアルミニウム合金、銅合金、チタン・チタン合金、マグネシウム合金を取り上げる。これらの代表的な各種非鉄金属材料の機械的性質を表1に示す。

表1　各種材料の機械的性質

材料	普通鋼 (SPCC)	ステンレス鋼 (SUS 304)	アルミ合金 (A 5052 P)	アルミ合金 (A 7075-T 6)	銅 (C 1020-0)
硬さ (HV)	126	174	60	160	50
伸び (％)	48	59	24	11	55
熱伝導率 (w/m・k)	60.4	16.0	137.0	130.0	385.0
耐力 (N/mm²)	179	206	101	505	69
引張強さ (N/mm²)	315	588	212	570	213
密度 (g/cm³)	7.86	7.90	2.80	2.80	8.93
比強度 (引張強さ/密度)	40.1	74.4	75.7	203.6	23.9
ヤング率 (GPa)	192.1	199.9	73.2	71.0	107.8
線形膨張係数 (/K)	13.7	17.0	23.8	23.4	17.0

材料	黄銅 (C 2600-H)	純チタン (TP 340)	チタン合金 (Ti-6 Al-4 V)	マグネシウム (AZ 31)
硬さ (HV)	173	140	310	190
伸び (％)	19	39	18	22
熱伝導率 (w/m・k)	121.0	17.0	7.5	159.0
耐力 (N/mm²)	462	277	909	200
引張強さ (N/mm²)	508	393	999	250
密度 (g/cm³)	8.53	4.51	4.43	1.77
比強度 (引張強さ/密度)	59.60	87.1	225	141.2
ヤング率 (GPa)	101.0	103.3	113.2	44.8
線形膨張係数 (/K)	19.9	8.4	8.8	25.0

アルミニウム合金

アルミニウム合金は、軽くて軟らかいのが特徴である。比重は純アルミで 2.7、鉄（7.9）の約 1/3 である。硬さは 20〜150 HV 程度で、ほとんどが 100 HV 以下である。また、熱伝導率が高く（鉄の約 3 倍）、伸びも大きい（鉄の 2 倍）。

研削時の問題点は以下の点である。

① 延性が高く砥粒との親和性が高いため砥粒に溶着しやすい。

② 熱膨張係数が高く、熱で変形しやすい。

③ 縦弾性係数が小さいので力で歪みやすく、面粗さと寸法・形状加工精度が出にくい。

研削砥石の選択には、A、WA はアルミナ（Al_2O_3）で親和性が高いため、通常、C および GC 砥石を使用し、気孔の大きい砥石を用いる。また、研削時は研削油を十分に供給することが重要である。しかし、研削油剤はアルカリ成分が強いと腐食して表面が黒っぽくなるので、pH 管理が重要となる。

アルミニウム合金は素材の製造方法から大きく分けて、展伸材（A）、鋳物（AC）、ダイカスト（ADC）の 3 種類ある。アルミニウム合金の種類を表 2 に

表 2　アルミニウムの種類

種　類	JIS 記号	例
純アルミニウム	1000 系	A 1100、A 1200
Al-Cu-Mg 系アルミ銅マグネシウム合金	2000 系	A 2017、A 2024
Al-Mn 系アルミマンガン合金	3000 系	A 3003
Al-Si 系アルミシリコン合金	4000 系	A 4032
Al-Mg 系アルミマグネシウム合金	5000 系	A 5052
Al-Mg-Si 系アルミマグネシウムシリコン合金	6000 系	A 6061、A 6082
Al-Zn-Mg 系アルミ亜鉛マグネシウム合金	7000 系	A 7075
Li 添加系アルミリチウム合金	8000 系	A 8011
鋳造材	AC	AC 4 A、AC 9、AC 1 A
ダイカスト	ADC	ADC 1、ADC 12

V．被削材

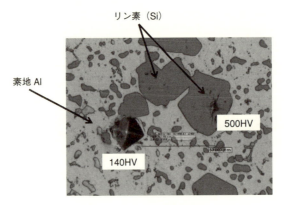

写真1　A 390 の組織と硬さ

示す。展伸材では、Al-Cu系（A 2017）やAl-Mg-Si系（A 6061）、Al-Zn-Mg系（A 7075）は熱処理による硬化が可能で、比較的研削性が良い。鋳物、ダイカストでは、AC 9のようにケイ素（Si）含有量の多い材料は、Siが非常に硬く砥粒の摩耗が早いため砥石の選択が重要になる。目安としてSi含有量12%以上はダイヤモンド砥石を選択することが多い。**写真1**にSiを17%含むA 390合金の組織写真と硬さを示す。

▍銅合金

銅は、導電性と熱伝導性が非常に良く、加工性・研削性も良いのが特徴である。しかし、加工硬化が激しく、冷間圧延すると倍ほどの硬さになる。また、研削性はアルミニウム合金と同様、伸びが大きく砥粒との親和性が高いため、目詰まりによる仕上げ面の悪化、研削液の状態や種類によって緑青や黒変の発生などが問題となる。研削砥石の選択もアルミニウム合金と同様、アルミと銅は親和性が高いためC砥粒を使用する。

銅合金は展伸材と鋳物に分かれる。展伸材を分類すると、純銅・高銅合金（C 1000番台）、黄銅（C 2000、C 3000、C 4000番台）、青銅（C 5000番台）、銅ニッケル合金（C 6000、C 7000番台）のようになっている。材料の硬さは、純銅の焼なまし材で40 HV程度、圧延材で100 HVになる。また、合金元素や圧延

状態により 300 HV を超える銅合金もある。

■チタン・チタン合金

　チタン・チタン合金は、比強度が大きく（軽くて強い）、耐食性に優れているのが特徴である。硬さは純チタン（TP 340）で 140 HV 程度、チタン合金（Ti-6 Al-4 V）で 310 HV と、合金になると高強度となる。熱伝導率は普通鋼の1/8、ステンレス鋼（SUS 304）の 1/2 以下と非常に小さい。特にチタン合金は硬くて熱が伝わりにくい性質なので、砥石の摩耗は非常に速い。研削時には研削油の供給が重要になる。

　砥石の選択は、WA よりも GC のほうが有利となる。また、超砥粒の cBN やダイヤモンドは GC よりもはるかに研削比を大きくできるが、ビトリファイドボンドの超砥粒ホイールは、ボンドとチタンとの親和性が高く溶着が激しいため不適である。

■マグネシウム合金

　マグネシウム合金は非常に軽いのが特徴である。マグネシウムの比重は 1.7（鉄 7.9）で実用金属の中で最も軽い。硬さは、ほとんどが 100 HV 以下で加工性は非常に良い。

　マグネシウムの研削での注意点は切りくずの管理である。自然発火の危険はないが、火気に近づけると発火することがあり、条件により水素が発生していると爆発することもある。特に湿気・水分を帯びたマグネシウムの切りくずは水素を発生させるため、これに引火すると一気に爆発・燃焼を起こす。切りくずやスラッジなどは通気性が良く火気のない場所で保管し、専門の処理業者に依頼して廃棄する。マグネシウムは万が一、発火した場合は、水をかけるとさらに燃え広がる可能性があるため、通常のガス消火器や液体式の消火器は使わずに塩素系やグラファイト系などの消化剤を用いて対処する。

Ⅴ. 被削材

脆 性 材 料

　脆性とは延性の対義語で、破断に至るまでのひずみの小さい性質をいう。一般に脆性材料は、硬くて衝撃に弱く壊れやすい。脆性材料の代表的なものとして、ガラス、コンクリート、セラミックスなどがある。また、金属では鋳鉄や超硬合金などは脆性材料である。脆性材料の硬さの比較を図1に示す。

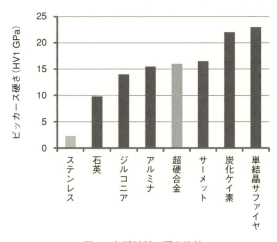

図1　各種材料の硬さ比較

■超硬合金

　超硬合金とは、タングステン（W）の炭化物である炭化タングステン（WC）を主成分とし、コバルト（Co）をバインダとして焼き固めた（焼結）材料である。切削工具や耐摩耗性を必要とする機械部品や金型材料に用いられる。硬さは1,600 HVと非常に硬いので、研削砥石の選択は、刃先がすぐに摩耗するため最も脆く常に鋭い切れ刃を出すGCもしくはダイヤモンドとなる。研削比は圧倒的にダイヤモンドが有利である。

■サーメット

　サーメット（cermet）は、ceramics（セラミックス）と metal（金属）の造語で、チタン（Ti）やニオブ（Nb）などの炭化物（TiC、NbC）や窒化物（TiN、TiCN）をニッケル（Ni）やコバルト（Co）をバインダとして焼結した材料である。定義上は超硬合金に含まれるが、別に扱うことが多い。WC を主成分とする超硬合金に比べ耐熱性や耐摩耗性、鉄との親和性は低いが、脆く欠けやすい性質がある。用途は主に切削工具として使われる他、耐摩耗性や耐熱性を必要とする機械の部品に用いられる。全体の硬さは WC を主成分とする超硬合金とほぼ同じか若干高めだが、主成分とする TiC は 3,000 HV を超す硬さを有する。

　研削砥石の選択は、超鋼同様、GC もしくはダイヤモンドとなる。研削比についても超硬同様である。

■ファインセラミックス

　ファインセラミックスとは、セラミックスの中でも機械部品として様々な機能をもたせるため素材・製法などを精密に制御して作られた材料である。これらの材料の主成分は、アルミニウム（Al）、ケイ素（Si）、ジルコニウム（Zr）など金属の酸化物、炭化物、窒化物で、特にアルミナ（Al_2O_3）や炭化ケイ素（SiC）、ジルコニア（ZrO_2）は切削工具や研削砥石の主成分として使われる。硬さは SiC で約 3,500 HV で、他の素材もおおむね 2,000～3,000 HV と非常に硬い。

　研削工程は焼結後に行われるため非常に硬く、熱伝導率の悪い材料がほとんどである。研削で発生する熱は表層部に蓄積されて局部的に温度上昇するため、研削割れや切れ刃の劣化の原因になる。砥石の選択は通常、硬くて熱伝導率の良いダイヤモンドとなる。

　また、これらの材料は、微小クラックが生じると、その弾性波はほとんど減衰しないで深く侵入することになるので注意が必要である。

V. 被削材

被削材から見た研削砥石の選び方

　一般の金属材料の研削に対する研削砥石の選択基準は、JIS B 4051：2014 に研削砥石の選択の指針として明記されている。加工する材料と研削方式によってどのような仕様の研削砥石を選んだらよいのかをまとめている。

　適用範囲は、通常の研削盤による常用研削条件の下に主に湿式研削を行い、普通研削程度の仕上げ面（研削焼けがなく、平面研削 Ra 0.8〜1.6、その他 Ra 0.4〜0.8 程度）ができることを想定し、ビトリファイド研削砥石を使用する。常用研削条件は、周速度のみ、円筒研削 30〜45 m/s、平面研削 20〜33 m/s、内面研削 10〜33 m/s、超硬合金研削 15〜25 m/s を想定している。

　JIS B 4051：2014 より、鋼材の研削に対する砥石の選択指針を、**表1**に円筒研削・心なし研削、**表2**に平面研削、**表3**に内面研削について示す。また、鋳鉄・非鉄金属の研削に対する砥石の選択指針を、**表4**に円筒研削・心なし研削、**表5**に平面研削、**表6**に内面研削について示す。実際の選択の際は、ガイドラインに沿って選択し、研削結果を基に**表7**の研削砥石選択の方向性を参考に決定していく。

　超砥粒には、cBN とダイヤモンドの 2 種類がある。

　cBN（立方晶窒化ホウ素）は天然には存在しない合成物質で、高温・高圧をかけて作られる。破砕の仕方や結晶の形にバリエーションがあり、硬度は常温化の地球上でダイヤモンドの次に硬く（4,000〜5,000 HV）、耐熱性に優れ、高温化での硬度はダイヤモンドより高い。切れ刃は砥粒先端で微小破砕を起こし、鋭い切れ刃を維持する。また、熱伝導率も良い。このことから、研削熱による劣化が生じにくいため、周速度を上げるほど砥粒 1 個にかかる負担が小さくなり研削抵抗は減少し、研削比（寿命）は高くなる。破砕性に富んだものから靭性に富んだものまで幅広いグレードと種類があり、用途は鉄系の材料で主に研削性の悪い焼入れ鋼に使用される。

　ダイヤモンドは地球上で最も硬く（8,000〜10,000 HV）、cBN 同様、切れ刃

被削材から見た研削砥石の選び方

表1 鋼材の研削に対する砥石の選択指針（円筒研削・心なし研削）

被削材		JIS番号	硬さ	円筒研削 研削砥石外径 (mm)			心なし研削
	材質			355以下	355を超え610以下	610を超え915以下	—
普通炭素鋼	一般構造用圧延鋼材（SS）	G 3101	HRC 45以下	WA 60 L	A/WA 60 M	A/WA 60 K	A 54 M
	機械構造用炭素鋼鋼材（S-C、S-CK）	G 4051		A/WA 60 M			A/WA 60 M
	一般構造用炭素鋼鋼管（STK）	G 3444					WA 60 M
	機械構造用炭素鋼鋼管（STKM）	G 3445	HRC 45を超えるもの	WA 60 L	WA 60 L	WA 60 J	WA 60 L
	炭素鋼鍛鋼品（SF）	G 3201		PA 60 L	PA 60 L		A/WA 60 L
	炭素鋼鋳鋼品（SC）	G 5101					
合金鋼	機械構造用合金鋼鋼材（SMn、SMnC、SCr、SCM、SNC、SNCM、SACM）	G 4053	HRC 55以下	WA 60 L HA 60 L	WA 54 L HA 60 L	WA 46 K WA 60 J	WA 60 L A/WA 60 L
	高炭素クロム軸受鋼鋼材（SUJ）	G 4805	HRC 55を超えるもの	WA 80 K PA 80 K HA 80 K	WA 80 J PA 80 J HA 80 J	WA 80 I PA 80 I HA 80 I	WA 60 K WA 80 K
	構造用高張力炭素鋼および低合金鋼鋳鋼品（SCC、SCMn、SCSiMn、SCMnM、SCCrM、SCMnCrM、SCNCrM）	G 5111					
工具鋼	炭素工具鋼鋼材（SK）	G 4401					
	高速度工具鋼鋼材（SKH）	G 4403	HRC 60以下	WA 80 K HA 80 K	WA 80 K HA 80 K	HA 60 I	WA 60 K WA 60 L
	合金工具鋼鋼材（SKS、SKD、SKT）	G 4404	HRC 60を超えるもの	HA 80 J		WA 80 J	WA 80 K HA 80 K
ステンレス鋼	ステンレス鋼棒（SUS マルテンサイト系）	G 4303	HRC 55以下	WA 60 L	WA 60 L	WA 46 J WA 60 L	WA 46 J WA 60 L
	耐熱鋼棒および線材（SUS、SUH マルテンサイト系）	G 4311	HRC 55を超えるもの	HA 80 J	HA 80 J	HA 80 J	WA 80 K HA 80 K
	ステンレス鋼棒（SUS オーステナイト系）	G 4303	—	WA 60 J、GC 60 K		WA 46 J GC 46 J	WA 60 L GC 80 K
	耐熱鋼棒および線材（SUS、SUH オーステナイト系）	G 4311					

表2 鋼材の研削に対する砥石の選択指針（平面研削）

被削材		JIS番号	硬さ	横軸平面研削 研削砥石外径 (mm)			立て軸平面研削	
	材質			255以下	255を超え455以下	455を超え760以下	リングおよびカップ	セグメント
普通炭素鋼	一般構造用圧延鋼材（SS）	G 3101	HRC 45以下	WA 46 K WA 46 J WA 60 J	WA 46 J WA 60 I	WA 46 I WA 60 H	WA 46 I	WA 36 I WA 46 I
	機械構造用炭素鋼鋼材（S-C、S-CK）	G 4051						
	一般構造用炭素鋼鋼管（STK）	G 3444						
	機械構造用炭素鋼鋼管（STKM）	G 3445	HRC 45を超えるもの	WA 46 J WA 46 I	WA 46 H WA 60 I	WA 46 H WA 60 G	WA 46 H	WA 36 H WA 46 H
	炭素鋼鍛鋼品（SF）	G 3201						
	炭素鋼鋳鋼品（SC）	G 5101						
合金鋼	機械構造用合金鋼鋼材（SMn、SMnC、SCr、SCM、SNC、SNCM、SACM）	G 4053	HRC 55以下	WA 46 J WA 60 J	WA 46 I WA 60 I	WA 46 H WA 60 G	WA 46 H	WA 36 H WA 36 I
	高炭素クロム軸受鋼鋼材（SUJ）	G 4805	HRC 55を超えるもの	WA 46 H HA 60 H	WA 46 H HA 60 H	WA 36 H WA 46 G HA 46 G	WA 46 G	WA 36 H WA 46 H
	構造用高張力炭素鋼および低合金鋼鋳鋼品（SCC、SCMn、SCSiMn、SCMnM、SCCrM、SCMnCrM、SCNCrM）	G 5111						
工具鋼	炭素工具鋼鋼材（SK）	G 4401						
	高速度工具鋼鋼材（SKH）	G 4403	HRC 60以下	WA 46 H HA 46 H	WA 46 H HA 46 H	HA 46 G	WA 46 H	WA 46 H PA 36 H
	合金工具鋼鋼材（SKS、SKD、SKT）	G 4404	HRC 60を超えるもの	WA 46 H HA 60 H	WA 46 G HA 46 G	WA 46 G HA 60 G	WA 46 G	WA 46 H PA 36 H
ステンレス鋼	ステンレス鋼棒（SUS マルテンサイト系）	G 4303	HRC 55以下	WA 46 I PA 46 I	WA 46 I PA 46 I	WA 46 H PA 46 H	WA 46 H	WA 36 I
	耐熱鋼棒および線材（SUS、SUH マルテンサイト系）	G 4311	HRC 55を超えるもの	WA 46 H HA 60 H	WA 46 G HA 60 G	WA 46 G HA 60 G	WA 46 G	WA 46 G
	ステンレス鋼棒（SUS オーステナイト系）	G 4303	—	WA 46 I PA 46 J	WA 46 I PA 46 I	WA 46 H PA 46 H	WA 46 H	WA 36 I
	耐熱鋼棒および線材（SUS、SUH オーステナイト系）	G 4311						

V. 被削材

表3　鋼材の研削に対する砥石の選択指針（内面研削）

被削材				研削砥石外径 (mm)				
	材質	JIS番号	硬さ	16以下	16を超え 32以下	32を超え 50以下	50を超え 70以下	70を超え 125以下
普通炭素鋼	一般構造用圧延鋼材（SS）	G 3101	HRC 45 以下	A/WA 80 M	A/WA 60 M	A/WA 60 L	A/WA 60 K	A/WA 80 M
	機械構造用炭素鋼材（S-C、S-CK）	G 4051						
	一般構造用炭素鋼管（STK）	G 3444						
	機械構造用炭素鋼管（STKM）	G 3445						
	炭素鋼鍛鋼品（SF）	G 3201	HRC 45 を超えるもの	WA 80 L WA 80 M	WA 60 L WA 80 L	WA 60 L WA 80 K	WA 60 K WA 80 J	WA 60 J WA 80 I
	炭素鋼鋳鋼品（SC）	G 5101						
合金鋼	機械構造用合金鋼鋼材（SMn、SMnC、SCr、SCM、SNC、SNCM、SACM）	G 4053	HRC 55 以下	WA 80 L WA 80 M	WA 80 K PA 80 L	WA 80 J PA 80 K	WA 60 J PA 80 J	PA 80 I PA 80 I
	高炭素クロム軸受鋼材（SUJ）	G 4805						
	構造用高張力炭素鋼及び低合金鋼鋳鋼品（SCC、SCMn、SCSiMn、SCMnM、SCCrM、SCMnCrM、SCNCrM）	G 5111	HRC 55 を超えるもの	WA 100 L PA 100 L HA 100	PA 100 K HA 100 K	PA 100 J HA 100 J	PA 80 J HA 80 J	PA 80 I HA 80 I
工具鋼	炭素工具鋼鋼材（SK）	G 4401						
	高速度工具鋼鋼材（SKH）	G 4403	HRC 60 以下	WA 80 L	WA 80 K	WA 80 K	WA 80 I	
	合金工具鋼鋼材（SKS、SKD、SKT）	G 4404	HRC 60 を超えるもの	HA 100 K	HA 100 J	HA 80 J	HA 80 I	HA 80 H
ステンレス鋼	ステンレス鋼棒（SUSマルテンサイト系）	G 4303	HRC 55 以下	WA 80 L	WA 60 L	WA 60 L	WA 46 J	WA 46 I
	耐熱鋼棒及び線材（SUS、SUHマルテンサイト系）	G 4311	HRC 55 を超えるもの	HA 100 K	HA 80 J	HA 80 J	HA 80 I	HA 80 H
	ステンレス鋼棒（SUSオーステナイト系）	G 4303	—		WA 60 K GC 60 K		WA 60 J GC 60 J	
	耐熱鋼棒及び線材（SUS、SUHオーステナイト系）	G 4311						

が鋭く、熱伝導率は非常に良い。しかし、ダイヤモンド砥粒は研削熱によるダメージが大きいため、周速度がある領域を超えると急激に研削比（寿命）が低下する。ダイヤモンドは大気では概ね600℃を超えると炭化が始まり、軟化する。用途は、熱伝導率の良いアルミや銅の非鉄金属や、非常に硬い非金属（セラミックスなど）で使用される。ダイヤモンドは炭素でできているため熱をもつと鉄と炭素が反応するので、鉄系の材料にはあまり使用しない。

　砥石の選択は、研削性を決定付ける最大の因子である。選択の良し悪しが、利益に直接つながっている。砥石の選択で最も需要なのは、被削材に対して砥石の材質が適切であるかどうかである。例えば、アルミを研削するのにアルミ（Al）と反応しやすいA砥粒（Al_2O_3）を選択することや、鉄鋼材料を研削するのに鉄（Fe）と反応しやすい炭素（C）で構成されるダイヤモンド選択することは論外である。

　まずは、適切な砥石の材質の選択肢の中から、現在の設備の状況や砥石・製品の納期、ロット数、加工精度、利益率などQCD（Quality：品質、Cost：価

被削材から見た研削砥石の選び方

表4 鋳鉄・非鉄金属の研削に対する砥石の選択指針（円筒研削・心なし研削）

被削材					円筒研削			心なし研削
材質			JIS番号	硬さ	研削砥石外径（mm）			
					355以下	355を超え610以下	610を超え915以下	—
鋳鉄	普通鋳鉄	ねずみ鋳鉄品（FC）	G 5501	—	WA 60 K GC 60 J	WA 60 K	WA 46 I	WA 60 K GC 60 J
		球状黒鉛鋳鉄品（FCD）	G 5502					
	可鍛鋳鉄	白心可鍛鋳鉄品（FCMW）	G 5705	—	WA 60 L PA 60 K	WA 60 K	WA 60 I	WA 60 L PA 60 K
		黒心可鍛鋳鉄品（FCMB）						
		パーライト可鍛鋳鉄品（FCMP）						
非鉄金属		黄銅（C 26—, C 27—, C 28—）	H 3100 H 3250	—	GC 46 J GC 60 J			GC 46 K
		青銅鋳物（CAC 4—）	H 5120 H 5121	—	GC 60 J WA 60 J			WA 60 K GC 60 K
		アルミニウム合金（A—）	H 4000 H 4040	—	GC 46 J GC 60 J			C 46 K GC 60 K
		永久磁石材料（R 1—, R 2—）	C 2502	—	WA 46 J, WA 46 K			WA 60 K
		超硬合金（HW）	B 4053	—	GC 80 I, GC 60 I, GC 80 F			GC 60 K

表5 鋳鉄・非鉄金属の研削に対する砥石の選択指針（平面研削）

被削材					横軸平面研削			立て軸平面研削	
								リングおよびカップ	セグメント
材質			JIS番号	硬さ	研削砥石外径（mm）				
					255以下	255を超え455以下	455を超え760以下	—	—
鋳鉄	普通鋳鉄	ねずみ鋳鉄品（FC）	G 5501	—	WA 46 I GC 46 I	WA 46 H GC 46 I	WA 46 H GC 46 H	WA 46 H	WA 36 I PA 36 H
		球状黒鉛鋳鉄品（FCD）	G 5502						
	可鍛鋳鉄	白心可鍛鋳鉄品（FCMW）	G 5705	—	WA 46 K PA 60 I	WA 46 J	WA 46 H	WA 46 H	WA 36 H PA 36 H
		黒心可鍛鋳鉄品（FCMB）							
		パーライト可鍛鋳鉄品（FCMP）							
非鉄金属		黄銅（C 26—, C 27—, C 28—）	H 3100 H 3250	—	GC 46 I	GC 46 H	GC 46 H	C 30 H GC 46 H	C 24 I GC 46 H
		青銅鋳物（CAC 4—）	H 5120 H 5121	—	GC 46 J WA 46 J	GC 46 I WA 46 I	GC 46 H WA 46 H	GC 46 G WA 46 G	GC 46 H WA 46 H
		アルミニウム合金（A—）	H 4000 H 4040	—	C 36 J WA 46 J	GC 46 I	GC 46 H	GC 46 G	GC 36 H
		永久磁石材料（R 1—, R 2—）	C 2502	—	WA 46 J	WA 46 I	WA 46 H	WA 46 H	
		超硬合金（HW）	B 4053	—	GC 60〜100 H GC 60〜100 I	—	—	—	—

V．被削材

表6　鋳鉄・非鉄金属の研削に対する砥石の選択指針　（内面研削）

被削材			JIS番号	硬さ	円筒研削				
材質					研削砥石外径（mm）				
					16以下	16を超え 32以下	32を超え 50以下	50を超え 70以下	70を超え 125以下
鋳鉄	普通鋳鉄	ねずみ鋳鉄品（FC）	G 5501	—	WA 80 K GC 80 K	WA 80 K GC 80 K	WA 60 K GC 60 K	WA 60 J GC 60 J	WA 60 I GC 60 I
		球状黒鉛鋳鉄品（FCD）	G 5502						
	可鍛鋳鉄	白心可鍛鋳鉄品（FCMW）	G 5705	—	WA 80 M	WA 60 L	WA 60 K	WA 46 K	WA 46 J
		黒心可鍛鋳鉄品（FCMB）							
		パーライト可鍛鋳鉄品（FCMP）							
非鉄金属	黄銅（C 26–, C 27–, C 28–）		H 3100 H 3250	—	GC 60 I				
	青銅鋳物（CAC 4–）		H 5120 H 5121	—	WA 60 J GC 60 J				
	アルミニウム合金（A–）		H 4000 H 4040	—	—				
	永久磁石材料（R 1–, R 2–）		C 2502	—					
	超硬合金（HW）		B 4053	—					

表7　研削砥石選択の方向性

研削砥石の組成	接触面積	工作物の硬さ	研削面粗さ	研削速度	工作物速度	切込み、送り
	小→大	軟→硬	中→上	大→小	大→小	小→大
砥粒	—	低純度→高純度	—	—	—	—
粒度	細粒→粗粒	粗粒→細粒	粗粒→細粒	—	—	粗粒→細粒
結合度	高→低	高→低	—	低→高	高→低	低→高
組織	密→粗	粗→密	粗→密	—	—	—

格、Delivery：納期）のバランスを考えた最も経済的な砥石の選択が求められる。被削材の材質のみで最も適した研削砥石を選択することは不可能であり、ここが企業のノウハウとなる部分でもある。

VI

研削加工のための切削油剤

チェックシート
研削加工のための切削油剤

	技量水準 1	2	3	4	スコア
切削油剤の効果を知っている。					
研削加工に要求される切削油剤の効果を説明できる。					
工作物の悪化要因と切削油剤の対策を説明できる。					
切削油剤の大きな分類について知っている。					
不水溶性切削油剤の種類を知っている。					
不水溶性切削油剤の種類の違いを説明できる。					
極圧添加剤について説明できる。					
水溶性切削油剤の種類について知っている。					
水溶性切削油剤の種類の違いを説明できる。					
不水溶性切削油剤の用途を説明できる。					
水溶性切削油剤の用途を説明できる。					
切削油剤を浄化する装置を知っている。					
ソリューションを使う時の注意点を知っている。					
ソリューブルを使う時の注意点を知っている。					
エマルションを使う時の注意点を知っている。					
季節による切削油剤の濃度調節を説明できる。					
切削油剤の希釈方法を知っている。					
濃度と倍率の違いを説明できる。					
切削油剤が高濃度になった時と、低濃度になった時の現象について説明できる。					
切削油剤の管理方法を知っている。					
切削油剤の濃度が変わった場合の対策を知っている。					
切削油剤の交換方法を知っている。					
切削油剤の濃度の測定方法を知っている。					
切削油時の安全対策について説明できる。					

切削油剤の効果

　研削加工では、1回の研削量が0.01 mm程度と非常に小さいが、切削工具と比べて研削砥石の切れ味が悪く加工時の発熱は大きくなる。研削点近傍の温度は非常に高く、1,000℃を超えるといわれており、研削加工時の温度上昇が工作物の表面に研削焼けや研削割れなどを発生させる原因となっている。熱による損傷が工作物に悪影響を与える原因となり、熱の発生を抑えることが研削加工では重要である。そのため、主に水溶性の切削油剤が用いられる（**写真1**）。

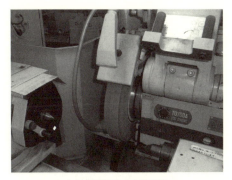

(a) 切削油剤をかける前

(b) 切削油剤をかける

写真1　切削油剤のかけ方

VI. 研削加工のための切削油剤

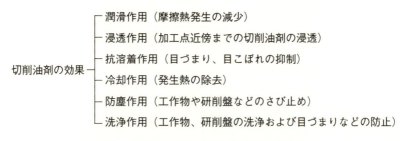

図1　研削加工に求められる切削油剤の効果

　切削油剤は、研削盤や工作物にさびを発生させる原因にもなり、研削油剤を正しく理解し研削加工に用いることが必要になる。

　切削油剤の効果には、工具摩耗や切削加工時の抵抗を減らす潤滑作用、切削油剤を加工点近傍に到達させる浸透作用、工具や工作物の温度を下げる冷却作用、切りくずや汚れを洗い流す洗浄作用、さびを防止する防錆作用がある。また、工具の刃先に加工している材料が溶着する場合があり、抗溶着作用も切削油剤の効果である（図1）。

　銅やアルミニウムなどの材料に対し研削加工を行うと、材料の性質から目づまりを発生しやすく、研削焼けやビビリ振動の発生により工作物表面を悪化させる。研削加工では、研削砥石の切れ味が悪く熱が発生しやすいため、工作物の温度を下げて熱膨張を抑制し加工精度を維持する必要がある。また、研削加工では、砥石の目つぶれや目こぼれを防止することで加工精度が向上し、研削焼けや研削割れの防止にもつながり、工作物の品質が向上すると共に砥石の寿命を延ばすことができる。

　材料の性質以外にも工作物の表面を悪化させる要因として、工作物の表面についた規則性のない傷（スクラッチ）がある。これは、研削加工時に研削液のタンクに切りくずや研削砥石の砥粒が入ることが原因の一つである。

　総合的に考えると、研削加工に用いる切削油剤には、摩擦熱発生の低減（発生熱の除去）、目づまりや目こぼれの防止、工作機械や工作物の洗浄などが求められる。以上を考慮して研削加工に適した切削油剤の選択が必要である。

切削油剤の分類

切削油剤はJIS規格により分類されており、**不水溶性切削油剤**と**水溶性切削油剤**の二つに大きく分けられる（図1）。

不水溶性切削油剤には、**油性形**（N1種）、**不活性極圧形**（N2種、N3種）と**活性極圧形**（N4種）がある。水溶性切削油剤には、**エマルション**（A1種）、**ソリューブル**（A2種）、**ソリューション**（A3種）がある。

不水溶性切削油剤では油性形（N1種）がベースとなる。油性形とは、鉱油および脂肪油からなり極圧添加剤を含まないものである。不活性極圧形（N2種、N3種）と活性極圧形（N4種）はN1種の成分を主成分として極圧添加剤を含む。**極圧添加剤**とは、切削時における摩擦局部の焼きつきの防止や切削性向上のために基油に添加する物質のことである。

水溶性切削油剤のエマルション（A1種）は、鉱油や脂肪酸など水に溶けない成分と界面活性剤からなり、水に加えて希釈すると外観が乳白色になる。ソリューブル（A2種）は、界面活性剤など水に溶ける成分単独もしくは水に溶ける成分と鉱油や脂肪酸など水に溶けない成分からなり、水に加えて希釈すると外観が半透明か透明になる。ソリューション（A3種）は、水に溶ける成分からなり、水に加えて希釈すると外観が透明になる。

研削加工における切削油剤は、これらから選択することになる。

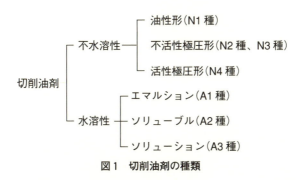

図1　切削油剤の種類

Ⅵ. 研削加工のための切削油剤

切削油剤の選択

　不水溶性切削油剤の用途として、油性形は非鉄金属や鋳鉄の切削加工に用いられ、不活性極圧形は一般的な切削加工に用いられ、活性極圧形は難削材や仕上げ面重視の切削加工に用いられる。不水溶性切削油剤を選択する場合、工具寿命を重視するならば不活性タイプの切削油剤を選択する方が良く、仕上げ面精度を重視するならば活性タイプの切削油剤を選択する方が良い（図1）。

　水溶性切削油剤の用途として、エマルションは鋳鉄、非鉄金属、鋼材の切削加工などの潤滑性を重視する場合に用い、ソリューブルは鋳鉄、非鉄金属、鋼材の切削加工や研削加工に用い、ソリューションは鋳鉄の切削加工や鋳鉄、鋼材の研削加工に用いる。水溶性切削油剤を選択する場合、潤滑性を重視する場合はエマルションを選択した方が良く、冷却性を重視する場合はソリューションを選択する方が良い（図2）。

　研削加工時に用いる切削油剤は、冷却性もしくは潤滑性など作業目的を考えて適切なものを選択することが大切である。例えば、難削材の研削加工を考えると、研削割れなどを防ぐために冷却性と潤滑性が求められる。ソリューブルは冷却性に優れるが、作業性を考慮すると切削性や潤滑性の良いエマルションタイプもしくは不水溶性切削油剤が有利になる。

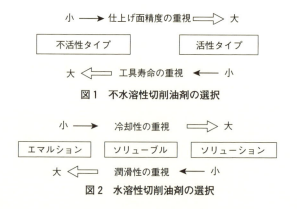

図1　不水溶性切削油剤の選択

図2　水溶性切削油剤の選択

水溶性切削油剤の使い方

▌切削油剤の供給

　研削加工において水溶性切削油剤を用いる場合、きれいな切削油剤を加工部分に供給することが必要となり、切りくずの除去を行うことが重要である。汚れた切削油剤を使うと、研削表面の品質を悪くするだけでなく、研削砥石の摩耗を促進させる場合がある。切削油剤の浄化のためにマグネチックセパレータ(**写真1**)や遠心力方式フィルタ、ペーパフィルタなどを用いた研削液浄化装置を用いることが重要である。

　ソリューションは水で50倍から100倍に薄めて使用する。ソリューションの使用は、加工された素材の表面粗さを少し悪くする場合があり、塗料の種類によっては変色などが発生し侵されてしまう場合もあり注意が必要である。研削加工後、すぐに切削油剤を拭き取るなどの対策が必要な場合もある。

　ソリューブルは水で30倍から50倍に薄めて使用する。ソリューションのように透明ではないが一般的に用いられる場合が多い。

写真1　セパレータ

VI. 研削加工のための切削油剤

　エマルションは水で15倍から20倍に薄めると乳白色になる切削油剤である。研削加工での用途は少ないが、ステンレスの研削などに有効な場合がある。

　水溶性切削油剤は、水の量が多すぎると素材の面粗さを悪化させ、さびを発生させる場合があり、水の量が少ないと目づまりを起こす場合がある。水溶性切削油剤には適当な濃度があり、工作物がすべて切削油剤で満たされるのではなく、部分的に途切れて乾いた部分ができる状態が目安となる。切削油剤の濃度は季節によっても異なり、さびの発生を防ぐために夏よりも冬の方が高い。

　研削加工では切削油剤の供給方法も重要で、いかに研削点に多量にかけるかがポイントとなる。高速で回転する研削砥石の周りには空気流があり、気圧も高くなることから切削油剤が研削点に届かない場合がある。給油方法として高圧クーラント装置などを使う場合もあるが、自然落下状態で多量にかけて作業を行う場合もある。切削油剤を研削点近傍に、いかに多量に高圧に給油するかを工夫する必要がある（**写真2**）。

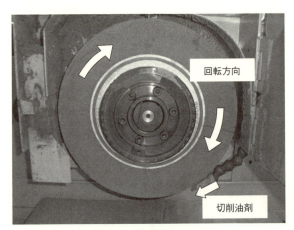

写真2　切削油剤をかける位置

■使用上の注意点

　水溶性切削油剤は、バケツなどの入れ物に先に水を入れて、次に切削油剤を入れ希釈して用いる場合が多い（図1）。切削油剤を先に入れて次に水を入れると切削油剤が均一に混ざらない場合がある。

　切削油剤を希釈するには、倍率と濃度の違いを知る必要ある。倍率とは、原液をどの程度薄めるかを示し、濃度とは、希釈した切削油剤の中に原液がどの程度含まれているかを示す。関係式は「倍率＝100/濃度」で表される。

　水溶性切削油剤を長期間使用すると、水の蒸発や切削油剤の減少などにより、初めに設定した倍率よりも高濃度や低濃度になる場合がある。高濃度になると、消泡性がなくなったり手荒れを起こしやすくなったりする。低濃度になると、工作物や研削盤が錆びやすくなる。さらに切削油剤が腐敗したり研削性が悪くなる場合もある。

　そのため、切削油剤の濃度管理やpHの測定を行う必要がある。pHとは水溶性の酸性、アルカリ性を示す数値であり、0に近いほど酸性が高く、14に近いほどアルカリ性が高くなる。pHが低くなると腐敗しやすくなる。

　切削油剤の濃度が薄くなると補充することになるが、初めに設定した同じ倍

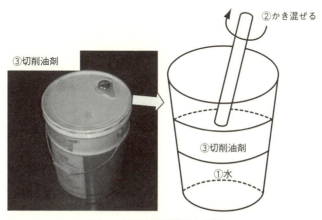

図1　水溶性切削油剤の希釈

Ⅵ．研削加工のための切削油剤

率の原液を追加する方が良い。

　写真3に切削油剤のタンクと水量計を示す。本タンクは約150lの切削油剤が入る設計になっている。切削油剤が少なくなった場合には、指示通りの濃度で切削油剤を準備し、供給口から入れることになる。切削油剤に亜硫酸塩を含有するものは機械部品や電気部品に有害で、機械の故障の原因になる場合がある。

　切削油剤の寿命は使用条件や環境により異なるが、6カ月ぐらいで交換するほうが安全である。切削油剤が腐敗した場合には交換が必要となる。

　切削油剤は誤った使用方法をすると、製品を悪くするだけでなく健康を害する場合があるので注意が必要である。例えば、切削油剤が目に入った場合には、洗眼が必要となる。誤飲をしないのはもちろんのこと、切削油剤に直接触れると皮膚がかぶれる場合もあるので、ゴム手袋などの着用も必要である。特に希釈する前の原液の状態は注意する必要がある。研削加工時には、ミストや蒸気が発生する場合があり、マスクの着用も必要である。

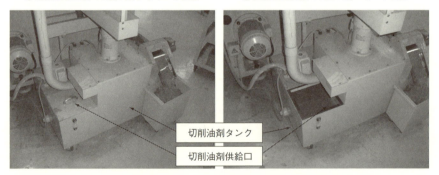

写真3　切削油剤タンク

VII

平面研削作業

チェックシート

平面研削作業	技量水準				スコア
	1	2	3	4	
加工前の段取り作業において、マグネットチャックの清掃や確認の方法を知っている。					
安全に段取り作業をするための適切なテーブルの位置を知っている。					
ワイパーを使用する際の注意すべきことを知っている。					
マグネットチャックに砥粒やキズや打痕があると、どのような悪影響があるか知っている。					
マグネットチャックに大きなキズや打痕があった場合、どのような対処をするか知っている。					
工作物をチャックに取り付ける前のバリ取り作業の方法を知っている。					
工作物をチャックに取り付ける際、飛ばされないようにするための対処方法を知っている。					
工作物とチャックの密着の確認方法を知っている。					
砥石の工作物へのアプローチの手順について知っている。					
工作物の砥石に対するストロークの適切な設定方法を知っている。					
精密バイスを利用して直角に加工できる理由について知っている。					
精密バイスを利用した正六面体加工の加工手順について知っている。					
工作物の段取り替えを行う際、精度の高い加工をするために必要となる作業を知っている。					
平行クランプを利用した正六面体加工の加工手順について知っている。					
平行クランプを利用して直角に加工できる理由について知っている。					
スコヤによる直角度の評価の方法について知っている。					
研削盤上での直角度の測定方法について知っている。					
サインバーとブロックゲージを使った任意の角度の設定方法を知っている。					
角度を設定した工作物の適切な固定方法を知っている。					

マグネットチャックの準備

　マグネットチャックは寸法精度や形状精度を出すための基準面になる。工作物の段取り作業をする場合は、十分な作業スペースを確保するためにマグネットチャックの位置をストロークエンドまで移動させ、回転している砥石に手や工作物が当たらないよう注意する（**写真1**）。初心者は砥石の回転を止めておく。砥石はマグネットチャックとの間に十分な距離をあける。

　ドレッシングや研削加工した後はチャックを掃除する。チャック面上に砥粒やキズや打痕が残ったまま加工すると、工作物の寸法精度や直角、平行などの形状精度が出せない。

① チャック面上に付着しているため砥粒をきれいに洗い流す（**写真2**）。
② ワイパーで水を切る（**写真3**）。ワイパーで砥粒をこするとチャック面を

写真1　マグネットチャックを端に寄せる

写真2　砥粒を水で洗い流す

写真3　ワイパーで水を切る

Ⅶ. 平面研削作業

傷つけてしまうので注意する。

　③ ウエスできれいに拭き取る（**写真4**）。ウエスを使う場合は砥石に巻き込まれないように手を巻く。

　④ 最後にきれいな素手でチャック面を拭き、ウエスで取りきれなかった小さなゴミを除去する。さらに、きれいになったチャック面を指先に注意を向けて触れながらキズや打痕などがないか確認する（**写真5**）。エアブローは、脱落した砥粒や切りくずが機械内部や摺動面に入り込む場合があるので使用しない。

　⑤ マグネットチャックに打痕やキズがあったら白色油砥石で除去する（**写真6**）。

　⑥ マグネットチャック上面の平面度が出てない場合、また大きなキズや打痕がある場合は、適切なドレッシングを行った砥石でマグネットチャックを研削する（**写真7**）。特に工作物の要求精度の高い加工の時には必要である。

写真4　きれいなウエスで拭き取る

写真5　キズや打痕がないか指先で確認する

写真6　白色砥石で平坦を出す

写真7　マグネットチャックの研削

工作物の段取り

① 工作物がチャック面にしっかりと密着するようにバリや打痕を油砥石で研磨し除去する（**写真1**）。チャック面に密着しないと、平行度や直角度の精度が出しにくくなるうえ、チャック面を傷つける可能性がある。また、黒皮が付いている場合は事前に紙やすりで研磨しておく。

② ウエスで工作物や治具の汚れや切りくずをきれいに掃除する。

③ 研削中に砥石の回転で工作物が動かないように周りにブロックを当てる（**図1**）。このブロックは平行台のように平行度や直角度が出ているものを使う。マグネットチャックの両端は磁力が不十分なため使用しない。

写真1　油砥石でバリ取り

図1　工作物の固定

Ⅶ．平面研削作業

④ マグネットチャックを励磁する。工作物を手で押して確実に固定されていることを必ず確認する。

⑤ プラスチックハンマーで軽く叩き、音を確認して密着を確認する（**写真2**）。隙間がないと甲高い音がするが、隙間があると鈍い音がする。銅か真鍮の棒を使用するとマグネットに吸い寄せられず、密着の音もわかりやすくなる（**写真3**）。

写真2　プラスチックハンマーで軽く叩く

写真3　銅か真鍮の棒で軽く叩く

砥石の工作物へのアプローチ

① 砥石の回転を開始し、砥石を工作物付近まで下降させる。テーブルの前後往復送りのストローク幅を設定する。工作物が砥石の前後に完全に抜けるように反転する位置を確認し前後反転用ドグ（**写真1**）で調整する（図1）。ただし、前後の送りを手動によるハンドル操作で行う場合は、この設定は必要ない。

② テーブルの左右往復送りのストローク幅を設定する。工作物が砥石からオーバーランを50 mm以上確保するよう、反転する位置を確認し左右反転用ドグ（**写真2**）で調整する（図2）。50 mm以上確保するのは、折り返し付近は振動により仕上げ面にビビリが発生することがあるためである。

写真1　テーブル前後反転用ドグ

写真2　テーブル左右反転用ドグ

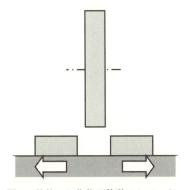

図1　前後の工作物の移動ストローク

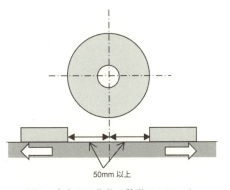

図2　左右の工作物の移動ストローク

Ⅶ. 平面研削作業

③ 回転する砥石を工作物との隙間に横から覗き込みながら近づけていく(この段階では研削液は止めておく)。砥石の上下送り間隔を手動パルスで調整できる機種は送り間隔を10μmにしておく。隙間は砥石に向かって右側(砥石の回転が右回りの場合)から見る(**写真3**)。あと少しで当たるところまで来たら、上下送り間隔を1μmに切り替え、テーブルを左右に動かしながら近づけ、火花が出始めたところで切込み位置を0セットする。工作物は厚みが一定でなかったり反りがあったりするため、前後にもテーブルを動かし当たり具合を確認する。大きな火花が出て切込み量が多くなるような場所があれば、砥石を少し上げて0セットし直す。

④ 切削油剤をノズルの向きを調整して砥石が工作物を加工している点にできるだけ大量にかける。

⑤ 加工を開始する。

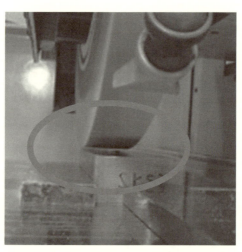

写真3　工作物の間隔を見ながら砥石を近づける

正六面体の研削手順

精密バイスを利用した六面体の研削

　精密バイス（**写真1**）は、平面研削においてマグネットチャックで吸着させ工作物を固定する際に使用する。**図1**も精密バイスを横に倒した様子を示す。固定口金の面、精密バイスの側面と裏面の3つの面ははそれぞれお互いに直角になっている。この形状を利用して正六面体の直角出しをする。

　面は**図2**のように加工する順に1面から6面とする。

写真1　精密バイス

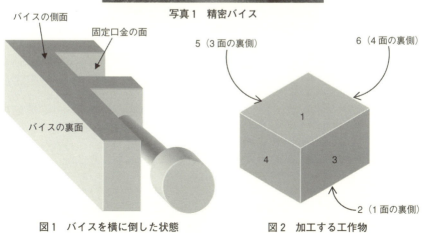

図1　バイスを横に倒した状態　　　図2　加工する工作物

Ⅶ. 平面研削作業

　精度の高い正六面体を作るために、これから説明する加工手順において1つの面の加工が終わり次の面加工が始まるまでの段取りに際して以下の作業を必ず行う。

　・工作物や治具はすべてテーブル上から外し、テーブル上の汚れを水で洗い流し、ワイパーやウエスで小さな切りくずなどもきれいに除去する。
　・治具など加工に使用する道具の汚れをきれいに拭き取る。
　・油砥石で工作物のバリ取りと糸面取りをする。
　・加工前に励磁が確実になされているか確認する。

① 1面、2面の加工

　上下裏返して1面と2面を加工する（**図3**、**図4**）。これで1面と2面の平行が出る。平面研削盤においてマグネットチャックに平面の出た面を密着させ、これを加工基準として上面を加工すれば、上下の面で平行を出すことができる。

 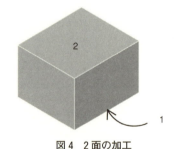

図3　1面の加工　　　　　　**図4　2面の加工**

② 3面、4面の加工の準備

　3面と4面の研削は精密バイスを使う。精密バイスの口金の面や側面、裏面をよく掃除しておく（**写真2**）。口金と工作物の間や、マグネットチャックとバイスの間などに小さなゴミなどが挟まると直角の精度が落ちるので注意する。平行を出した1面と2面を精密バイスの口金でつかむ位置に置き、3面が上に、4面が横から少し突き出すようにクランプする（**写真3**）。

③ 3面の加工

　精密バイスに挟んで3面の加工をする（**図5**）。精密バイスの固定口金の面と裏面は直角である。裏面はマグネットチャック面に密着しているので固定口

正六面体の研削手順

写真2　精密バイスの掃除

写真3　3面、4面の加工の準備　　写真4　3面の研削の様子

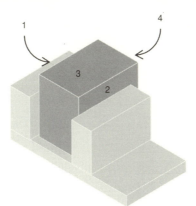

図5　3面の加工

金の面はマグネットチャックに対して直角な状態になる。よって、加工した3面は1面と直角になる。**写真4**に実際に研削している様子を示す。

— 169 —

Ⅶ. 平面研削作業

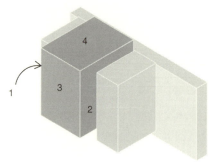

図6　4面の加工

写真5　4面の研削の様子

④ 4面の加工

　精密バイスを横に倒し、4面を加工する（**図6**）。精密バイスの裏面と側面は直角になっているので、加工した4面は3面と直角になる。また、精密バイスの側面と固定口金の面は直角になっているので、横に倒すと工作物が正確に90°回転することになり加工した4面は1面と直角になる。**写真5**に4面の加工の様子を示す。

⑤ 5面の加工

　精密バイスから工作物を外し、3面を下にしてマグネットチャックに固定し、5面を加工する（**図7**）。これにより3面との平行が出る。

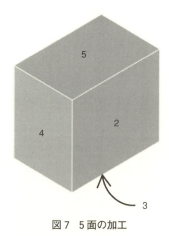

図7　5面の加工

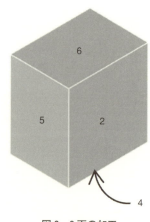

図8　6面の加工

⑥ 6面の加工

4面を下にしてマグネットチャックに固定し6面を加工する（**図8**）。これにより4面と平行が出る。以上で正六面体が完成する。

平行クランプを利用した六面体の研削

平行クランプを利用した六面体加工は、精密バイスによる加工とは3面と4面の加工だけが違う。ここでは直角の出た直方体工作物の直角を利用して工作物の直角を出す。

① 3面の加工

1面と2面の加工の後、1面か2面を直方体工作物に当て、3面と4面を少し出した状態で平行クランプAを使って固定し、3面を加工する（**写真6**、**図9**）。これにより3面は1面および2面と直角になる。

② クランプする位置を変える

平行クランプAを付けたまま工作物をマグネットチャックから外し、Vブ

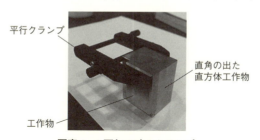

写真6　3面加工時のクランプ

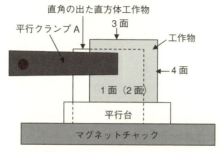

図9　平行クランプで固定しておく

Ⅶ. 平面研削作業

写真7　クランプの取り換え

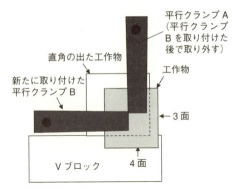

図10　平行クランプをもう一つ固定する

写真8　4面加工時のクランプ

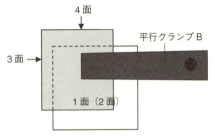

図11　最初の平行クランプを外し4面を加工する

ロックなどの上で4面を加工するために別の平行クランBを固定する（**写真7、図10**）。その後、元々固定していた平行クランプAを外す（**写真8、図11**）。

③ 4面の加工

クランプした工作物をマグネットチャックに固定し、4面を加工する。直方体はどの面も直角が出ていることにより、4面は3面と1面および2面に対して直角になる。その後、精密バイスの六面体加工と同様に5面、6面を加工して完成である。

直角度の評価

■スコヤによる直角度の評価

　測定定盤にスコヤと工作物を置き、スコヤの直角面のエッジを工作物の直角面に当て隙間を見る（**写真1**）。

　スコヤと工作物の向こう側から照明が当たるようにすると、隙間から見える光の強さで直角度の狂いの大きさが把握しやすくなる。直角度の値を正確に求めることは難しいが、おおよその直角度を測る上で手軽な方法である。

写真1　スコヤによる直角度の検証

■スコヤマスタによる直角度測定

　直角度や真直度を測定するためのスコヤマスタを**写真2**に示す。

　写真3のように測定定盤上で、スコヤマスタに取り付けたてこ式ダイヤルゲージを工作物の直角面に当て、下から上に走らせた時の針の振れにより直角度を測定できる。

　てこ式ダイヤルゲージの測定子は、**写真4**のように測定面にできるだけ平行

Ⅶ. 平面研削作業

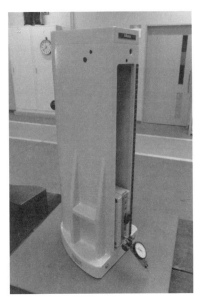

写真2　スコヤマスタ

写真3　スコヤマスタに取り付けたダイヤルゲージで直角度測定

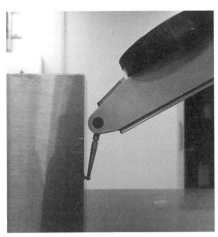

写真4　適切な測定方法

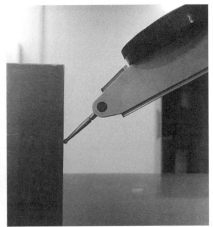

写真5　不適切な測定方法

に当て、引くように下から上へ移動させる。**写真5**のような測定面に角度をもった当て方は測定誤差が大きくなるので避ける。

直角度の評価

■研削盤上での直角度測定

　写真6に示すように砥石カバーにマグネット用のプレートが付いていれば、そこにダイヤルゲージを付けたマグネットスタンドを取り付けて、測定子を工作物に当て砥石頭を下から上へ移動させることにより直角度が測定できる（写真7）。

写真6　砥石カバーのプレート

写真7　砥石軸を上下させて直角度を測定

■直角度測定用治具による直角度測定

　写真8は自作の直角度測定用治具である。この測定器には高さ方向に複数の穴があり、工作物の高さに応じてダイヤルゲージを取り付ける位置を変更でき

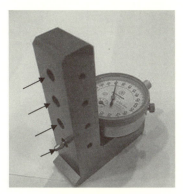
写真8　測定治具

Ⅶ. 平面研削作業

る。測定定盤の上でスコヤなどの直角の出たゲージに当てダイヤルゲージを0セットしておく。測定治具を工作物に当てると、直角度の狂いをダイヤルゲージの0からの振れにより測定できる（**写真9、図1**）。

写真9　測定治具による直角度の測定

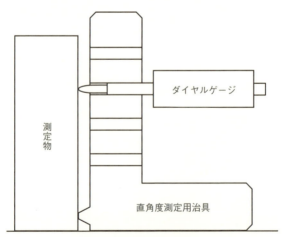

図1　直角度測定の様子

サインバーによる角度出し

サインバー（**写真1**）は、任意の角度の設定や測定ができる器具である。両端にあるローラーの中心間距離が 100 mm のものと 200 mm のものがある。

図1に示すようにローラーの中心間距離を L、ブロックゲージの高さを H とすると、角度 θ との間に以下の式が成り立つ。

$$\sin\theta = \frac{H}{L}$$

したがって、角度 θ の勾配を加工するために必要なブロックゲージの高さは次の式から求められる。

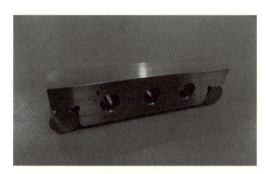

写真1　サインバー

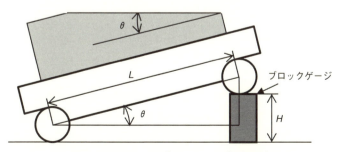

図1　サインバーとブロックゲージの組み方

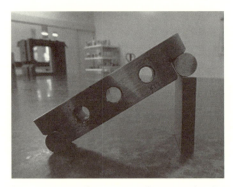

写真 2　50 mm のブロックゲージによる 30°の勾配

$H = L \times \sin\theta$

たとえば 30°の勾配をつけたい場合（**写真 2**）、ローラーの中心間距離が 100 mm のタイプのサインバーを使用すると、ブロックゲージの高さは以下の式から 50 mm となる。

$H = 100 \times \sin 30° = 100 \times 0.5 = 50$

なお、sin 30°の値は電卓か sin 表（**写真 3**）により求めることができる。sin

28°～31°

	28°		29°		30°		
	100 mm	50 mm	100 mm	50 mm	100 mm	50 mm	100
0	46.94716	23.473580	48.48096	24.240480	50.00000	25.000000	51.5
1	97284	486420	50640	253200	02519	012595	5
2	99852	499260	53184	265920	05037	025185	5
3	47.02419	512095	55727	278635	07556	037780	5
4	04986	524930	58270	291350	10073	050365	6
5	47.07553	23.537765	48.60812	24.304060	50.12591	25.062955	51.
6	10119	550595	63354	316770	15107	075535	
7	12685	563425	65895	329475	17624	088120	
8	15250	576250	68436	342180	20140	100700	
9	17815	589075	70977	354885	22655	113275	
10	47.20380	23.601900	48.73517	24.367585	50.25170	25.125850	51.
11	22944	614720	76057	380285	27685	138425	
12	25508	627540	78597	392985	30199	150995	
13	28071	640355	81136	405680	32713	163565	
14	30634	653170	83674	418370	35227	176135	
15	47.33197	23.665985	48.86212	24.431060	50.37740	25.188700	51.
16	35759	678795	88750	443750	40252	201260	
17	38321	691605	91288	456440	42765	213825	
			93825	469125	45276	226380	

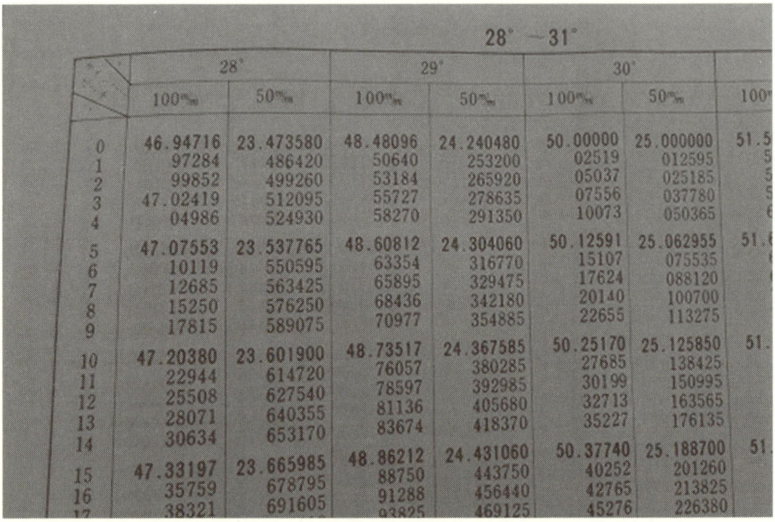

写真 3　sin 表

サインバーによる角度出し

表とは、任意の角度に対するブロックゲージの高さを表にしたものである。

写真4は、ブロックゲージにより角度を出したサインバーに乗せた工作物をアングルプレートにボルトで固定した様子である。また、ボルトで固定できない場合は、**写真5**のようにシャコ万力で固定して加工する。

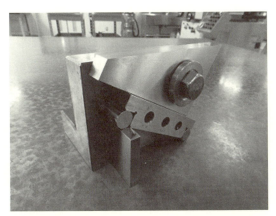

写真4　アングルプレートにボルトで工作物を固定

写真5　シャコ万力でアングルプレートを固定

VIII

円筒研削作業

チェックシート

円筒研削盤

	技量水準 1	技量水準 2	技量水準 3	技量水準 4	スコア
円筒研削と平面研削の違いが説明できる。					
円筒研削盤の各部名称と機能を知っている。					
毎日と毎月の安全点検箇所を説明できる。					
切削油剤の交換と点検を行える。					
円筒研削盤における砥石のツルーイングとドレッシングを説明できる。					
砥石のドレッシングを粗研削用と仕上げ研削用に分けて行える。					
工作物に合わせてテーブルの駆動とタリー時間を調節できる。					
研削盤用と旋盤用のケレの違いを知っている。					
工作物のセンタ穴の良否が加工精度に与える影響を知っている。					
工作物をセンタ穴を使って円筒研削盤に取り付けるポイントを説明できる。					
工作物に合わせて心押し台のスプリングを調節できる。					
プランジ研削とトラバース研削の違いを説明できる。					
プランジ研削における安全のポイントが説明できる。					
工作物に合わせて周速度を調節できる。					
プランジ研削で粗研削と仕上げ研削を行って寸法を出す方法を知っている。					
トラバース研削における安全のポイントが説明できる。					
トラバース研削においてテーパの修正ができる。					
トラバース研削で粗研削と仕上げ研削を行って寸法を出す方法を知っている。					
テーパ加工のポイントを説明できる。					

円筒研削と平面研削の違い

　研削盤には、円筒研削盤、平面研削盤、内面研削盤があり、接触弧の長さが機械の構造や加工方法により異なる。**接触弧**とは、図1に示すように材料と砥石が接触する長さのことである。接触弧は、接触弧の長さを L、切込み量を t、砥石の直径を D、工作物の直径を d とすると次式で求めることができる。

$$L = \sqrt{\frac{t}{\frac{1}{D} \pm \frac{1}{d}}}$$

　この数式では、円筒研削盤の場合に＋（プラス）を利用し、内面研削盤の場合に－（マイナス）を用いる。平面研削盤の場合は、d が∞（無限大）になる。同じ切込み量の場合、接触弧の長さは、内面研削盤＞平面研削盤＞円筒研削盤の順に短くなる。

　接触弧が長くなると研削時の抵抗などが大きくなり、研削砥石の寿命や加工精度に影響を与えトラブルを発生しやすくなる場合がある。接触弧が短い方が研削加工はやりやすくなる。

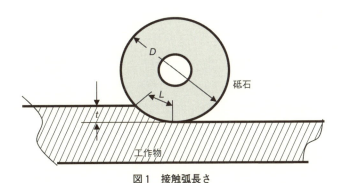

図1　接触弧長さ

Ⅷ. 円筒研削作業

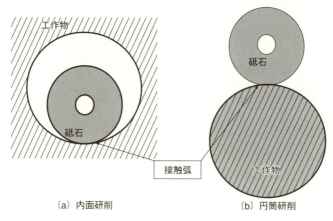

(a) 内面研削　　　　(b) 円筒研削

図2　接触弧の比較

　内面研削盤と円筒研削盤における接触弧の長さの比較を図2に示す。図中の砥石と工作物は同じ大きさである。図からも分かるように、内面研削盤より円筒研削盤の接触弧が短くなり、研削作業は接触弧が短くなる円筒研削盤の方がやさしくなる。

　円筒研削盤に研削砥石を取り付ける時は、砥石カバーなどの点検と研削砥石のバランス取りを行う必要がある。

　研削砥石のバランス取りは、天秤式などを用いて静的に取る方法と、研削盤に直接取り付けて動的に取る方法がある。研削砥石自体のバランスだけでなく研削盤に取り付けた時に発生するアンバランスも修正することができる。平面研削盤の場合と同様に総合的にバランスが取れる動的な方法の方が良いことになる。

　研削砥石の準備・取付けまでは平面研削と円筒研削と同じであるが、研削作業は異なる場合がある。例えば、工作物の取付けにおいて、平面研削盤ではマグネットチャックを用いるのに対し、円筒研削盤ではセンタ穴を用いる場合が多い。さらに、工作物にケレを取り付け、回転させながら研削作業を行う。平面研削盤では、勾配の研削にサインバーなどを用いるのに対し、円筒研削盤ではテーパの研削にテーブルを傾けて行う。

円筒研削盤の安全点検

円筒研削作業を行う前に安全点検を行う。機械の点検を行うために機械の名称を確認する。**写真1**に円筒研削盤の名称を示す。

(1) 毎日の点検項目

安全点検では初めに、油量や圧力など毎日行う項目について確認する。安全点検の工程は以下の通りである。

① タンク側面の油圧計を確認して油圧油の量を確認する。
② 砥石台前面の油面計により砥石軸受油の量を確認する。
③ タンク上面のフタを外して切削油剤の量を確認する。
④ 油圧の圧力計の値を確認する。
⑤ 砥石軸受圧力計の値を確認する。

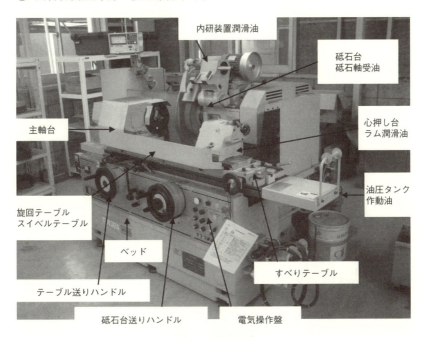

写真1　円筒研削盤

Ⅷ. 円筒研削作業

⑥ 油圧タンク上の潤滑圧の値を確認する。

項目③の切削油剤の交換における注意について説明する。

切削油剤にはさまざまな種類があるが、亜硫酸塩を含む切削油剤は機械部品などに有害であり、機械が故障する原因になる場合があるので注意が必要である。

切削油剤は一般的に希釈して使用する。切削油剤を水で希釈する場合は、混合比に注意する必要がある。混合比を間違えると、切削油剤の性能が出なくなると同時に工作物が錆びやすくなる。さらに切削油剤は、機械を長期間停止した場合、腐敗する場合があり、夏休みや冬休みには注意が必要である。時々、切削油剤の品質を確認してほしい。

(2) 毎日の点検項目

次に、毎月点検を行う項目について確認する。

① 砥石軸駆動用のベルトの張力を確認する。

② 工作物駆動用のベルトの張力を確認する。

ベルトの張力を確認する場合は、電源を落として砥石が回転しないことを確認する必要がある。交換直後はベルトの緩みを確認する必要があり、緩んでいる場合にはベルトの張力を調節する必要がある。ベルトの張力は、砥石軸プーリと砥石軸プーリとの中央位置を1本ずつ50Nの力で押した時、約50mm以内で20mmから22mmたわむ状態が正常である（図1）。

研削作業は切りくずが細かく粉塵などが発生する場合が多いので、こまめにフィルタなどを清掃し目詰まりが発生しないように注意する必要がある。

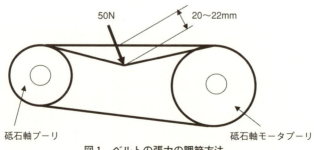

図1　ベルトの張力の調節方法

ツルーイング・ドレッシング

　円筒研削作業を行う前に平面研削盤の作業と同様にツルーイングとドレッシングを行う。

　砥石面の近くにダイヤモンドドレッサの先端が位置するようにドレッサホルダを取り付ける（**写真1**）。ドレッサホルダは、研削面に対し20°から30°傾けて取り付ける。この時、砥石台が前進端の位置にあるか確認する。砥石台を

写真1　ドレッサの取付け

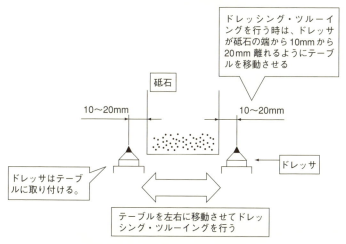

図1　ツルーイング・ドレッシング方法

Ⅷ. 円筒研削作業

早送り前進すると砥石をぶつける可能性がある。

　ツルーイングとドレッシングは、図1に示すようにテーブルを左右に移動することにより行う。手動や自動で行う場合、ダイヤモンドドレッサの先端が10～20 mm 程度大きくなるようにテーブルを移動させる。ダイヤモンドドレッサを途中で停止させると、研削砥石の面粗さの異なる場合やキズがついたりするために研削精度が悪くなる場合がある。

　次に具体的な手順について説明する。

① ダイヤモンドの先端が砥石の外周にわずかに触れる程度、もしくはわずかにスパークする状態にしてダイヤモンドを砥石の表面の凸凹している部分に近づけ、ゼロセットを行う。砥石の両端部は摩耗が大きく丸くなっている場合があるので注意が必要である。

② ゼロセット後、多量の研削液をダイヤモンドの先端にかけ、切込みをせずにそのまま低速で左右にテーブルを移動させて砥石表面に付着した粉塵などを除去する。

③ 切込み量を 0.02 mm 程度として、左右にテーブルを移動させて砥石の修正を行う。切込み量はできるだけ 0.02 mm を超えないようにする。切込み量を突然大きくするとダイヤモンドの先端が欠けて紛失する場合がある。

④ 砥石修正は、連続音が出るまで③の動作を繰り返す。

⑤ 砥石修正のためにテーブルを左右に送る速度は、砥石の粒度、回転数、ダイヤモンドの先端形状、要求される仕上げ面程度により異なる。加工精度により最適値を探す必要がある。一般的に、テーブルの送り速度が速いと加工面は粗くなり、遅いときれいになる。例えば、テーブルの送り速度は、粗研削が 800 mm/min から 500 mm/min、精研削で 200 mm/min から 100 mm/min となる。

⑥ 砥石修正中は、切削油剤によりダイヤモンドの加熱を防ぐ。途中から切削油剤をかけると急冷のためにダイヤモンドが破損することがある。ドレッシングの音が断続的な感じから連続的な感じに変化したらドレッシングが終了したことになる。

テーブルの駆動

テーブル移動距離の決定

写真1に円筒研削盤のテーブル駆動のためのハンドルやレバーを示す。テーブルは手動もしくは油圧で移動させることができる。

テーブルを手動で移動させる場合の手順は、以下の通りである。テーブル送りハンドル1回転の移動距離は 20 mm である。

① テーブル送り切換えレバーを手動に動かす。

② テーブル送りハンドルを回転させ、テーブルを左右方向に移動させる。テーブル送りハンドルを時計回りに回転させるとテーブルは右方向に移動し、反時計回りに回転させるとテーブルは左方向に移動する。

テーブルを油圧で駆動させる場合の手順は以下の通りである。

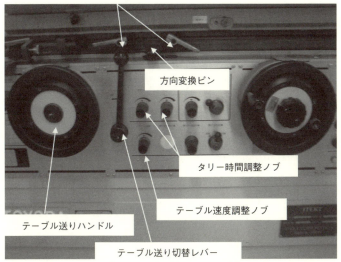

写真1　ハンドルやレバーの位置

VIII. 円筒研削作業

① テーブル送り切換えレバーを自動側に動かす。
② テーブルは油圧駆動になり自動で左右に移動する。

　テーブルを油圧で駆動させる場合、移動距離を調節する必要がある。テーブルの移動距離は、テーブルを左右に移動させた場合に工作物の端面が砥石幅の約 2/3 から 3/4 ぐらい外れるように調節する。テーブルの移動距離の調節は、方向切換えドグの位置により行う。

　砥石と工作物の端面を一致させるように移動距離を決定すると、削り残しが生じ、研削後の直径が大きくなる場合がある。工作物が端面から完全に外れるように移動距離を決定すると、削り過ぎが生し直径が小さくなる場合がある。テーブルの移動距離は工作物の形状と寸法の精度に影響を及ぼすので注意が必要である。

　テーブル速度は、速度調整ノブによって 50 mm/min から 4,000 mm/min の間で無段階に調整することができる。調節ノブを時計回りに回せばテーブル速度が速くなる。

■ タリー時間の調節

　テーブル移動距離の決定後、タリー時間を調節する。**タリー時間**とは、工作物の端面でテーブルがある一定時間、停止する時間のことである。タリー時間が長いと工作物の取り代が多くなり、直径が小さくなる。タリー時間が短いと工作物の取り代が少なくなり、直径が大きくなる。適切なタリー時間を調整することが重要になる。

　タリー時間は、タリー時間調整ノブによって調整できる。左タリー調節ノブは工作物に対し砥石が左端で停止する時間を、右タリー調節ノブは工作物に対し砥石が右端で停止する時間を調節できる。

　図1に示すように砥石幅の 2/3 から 3/4 程度はずれる位置でテーブルが止まるように位置決めを行い、タリー時間を調節することが必要となる。

テーブルの駆動

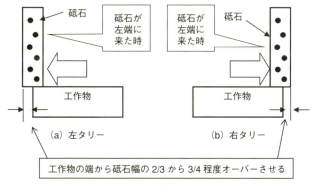

図1　タリー時間の調整

■テーブル駆動の注意点

　テーブルを油圧で起動する場合の注意点として、方向切換ドクがテーブルにしっかり固定されていること、テーブルの移動により砥石と主軸台などが干渉しないことなどが挙げられる。

　テーブルを油圧で駆動をしない場合の注意点として、機械起動時にテーブルの切換えレバーが自動側にあれば、運転準備の押しボタンを押すと同時にテーブルが起動することなどが挙げられる。必ず切換えレバーを「手動」の位置にし、2つの切換ドクの間隔を狭めるなど安全を確認して作業を心がけることが重要である。

　研削時にテーブル駆動を行う場合、テーブルの駆動シリンダ内にエアが混入して、スティックスリップの発生によりテーブルが正確に駆動しない場合がある。スティックスリップとは、摩擦面間に生ずる微視的な摩擦面の付着、滑りの繰返しにより引き起こされる自動振動のことである。テーブルを駆動させて研削する場合には、あらかじめテーブルを全工程動かしてエアを十分抜く必要がある。

Ⅷ. 円筒研削作業

工作物の取付け

　円筒研削は工作物を支えるセンタ穴の良否によって真円度が決定するため、センタ穴の精度には十分に注意する必要がある。特に、焼入れした工作物のセンタ穴は、スケールなどが付着している場合や、ひずみが発生し変形している場合があり、研削精度に影響を与える可能性があるため、工作物のスケールはよく取り除き、変形している工作物はセンタ穴研削盤で研削する必要がある。

　円筒研削作業では、工作物の重量に片寄りがあると研削精度が低下する場合があるため、円筒研削盤用ケレ（**写真1**）を使用する。円筒研削盤用ケレには、偏心カムを使用したものがある。脱着も簡単で、負荷が加わると工作物が締めつけられる構造になっている。

　工作物に合わせて心押し台（**写真2**）を移動し位置決め後、テーブル上に固定し両センタにて工作物を取り付ける（**写真3**）。

　工作物を円筒研削盤に取り付ける手順は以下の通りである。

① すべりテーブル上面とテーブル基準面をきれいに拭く。

② 心押し台固定レバーを緩め、Cワッシャをはずす。

③ 心押し台を工作物に合わせ所定の位置に移動し、テーブル基準面に押し付けながら心押し台固定レバーで固定する。

④ 工作物の一端に円筒研削用ケレを取り付ける。

　　　　（a）従来型ケレ　　　　　　　　　　（b）偏心カム付きケレ

写真1　円筒研削用ケレ

工作物の取付け

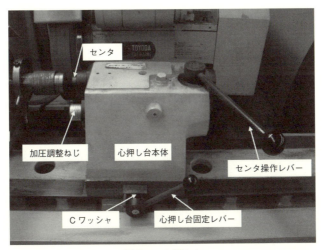

写真2　心押し台

写真3　工作物の取付け

⑤　工作物のセンタ穴をよく清掃し、潤滑剤をつけて両センタ間に取り付ける。ただし、センタの前後の移動はセンタ操作レバーを手動操作して行い、センタの加圧力は心押し台本体に内蔵されたスプリングによって行う。センタ加圧力の調節は加圧力調整ねじを回して行う。時計周りに回せば加圧力は増加する。工作物が細くて長い場合は注意が必要である。

Ⅷ. 円筒研削作業

外 径 研 削

　円筒研削作業により工作物を研削する場合、プランジ研削とトラバース研削がある。**プランジ研削**は砥石台の切込み運動だけで研削する方法であり、**トラバース研削**は砥石を固定し工作物を左右に移動させて研削する方法である（図1）。トラバース研削には、工作物を固定し砥石を左右に移動させる方式もある。工作物が焼入れされている場合、酸化膜を除去するためにプランジ研削を行い、酸化膜が除去されたところからトラバース研削を行うなど、工作物の状態や形状によってプランジ研削とトラバース研削は使い分けを行う。

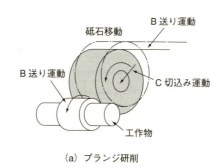

(a) プランジ研削

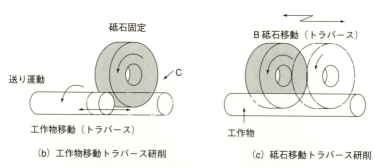

(b) 工作物移動トラバース研削　　(c) 砥石移動トラバース研削

図1　プランジ研削とトラバース研削

外径研削

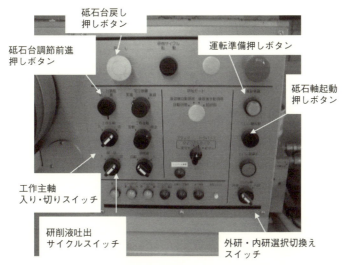

写真1 電気操作盤のスイッチの位置

■プランジ研削

工作物は、センタ穴、主軸台と心押し台のセンタを掃除して取り付ける。研削作業では、初めに仕上げ代として 0.02 mm から 0.05 mm 残して粗研削を行い、終了後に仕上げ研削を行う。工作物の表面粗さや形状精度により粗研削から仕上げ研削に入る前に砥石のドレッシングを行う場合がある。

写真1に円筒研削盤の電気操作盤のスイッチを位置示す。

実際の作業手順は以下の通りである。

① 円筒研削盤に電源を入れ、テーブル送り手動・自動切換えレバーを「手動」にする。

② 外研内研選択切換スイッチを「外研」にし、運転準備押しボタンスイッチを押し、円筒研削盤の起動を行う。

③ 研削液吐出サイクルスイッチを「自動」にし、砥石軸駆動押しボタンスイッチを押して砥石軸を駆動させる。

④ 研削作業を手動で行うためにクランプノブを反時計回りに回して、回転往復シリンダと砥石台送りハンドルをフリーにする。

Ⅷ. 円筒研削作業

表1 工作物の周速度 (m/min)

材　質	粗研削	仕上げ研削
焼入鋼	12	15～18
合金鋼	9	9～12
鋼	9～12	12～15
鋳鉄	15～18	18～21

写真2　工作物の速度調節のスイッチ

⑤　研削作業は砥石台を前進させて行う。40 mmの早送り前進を行った場合、砥石が工作物に当たらないように砥石台送りハンドルを反時計回りに回して砥石台を十分後退させる必要がある。

⑥　工作主軸入り切りスイッチを「入」にする。工作物の周速度は**表1**を参考にする（**写真2**）。

⑦　砥石台調節前進押しボタンスイッチを押し、砥石台を40 mm早送り前進させる。

⑧　テーブル送りハンドルを操作し、砥石に対する工作物の位置を決める。砥石が工作物の外周にわずかに接触するまで前進させて目盛りをゼロに合わせる。

⑨　砥石台送りハンドルを操作し、工作物を研削する。砥石台を送る速度が遅すぎると砥石が目詰まりする場合があるので、送り速度の調節が必要である。砥石台ハンドルによる砥石台前進操作は砥石台早送り前進端以外では行わないようにし、工作物を取り付けるまでに砥石台を前進させてぶつからないことを確認しておくことが重要である。

⑩　時々測定しながら目盛りによって切込みを与え、マイクロメータなどで測定し、指定された寸法になったら、砥石台戻り押しボタンスイッチを押し、

砥石台の早送り後退を行う。

⑪ 次回の研削作業の時、早送り前進中に砥石が工作物に当たらないように「研削代＋空研削代」だけ砥石軸を後退させ、研削作業が終了。

■トラバース研削

　工作物はプランジ研削と同様に掃除を行って円筒研削盤に取り付け、粗研削と仕上げ研削に分けて行う。研削作業では工作物もしくは砥石を左右に移動させることから、砥石が工作物に対して平行に移動していない場合、工作物がテーパ形状になる可能性がある。測定では、寸法測定に合わせて形状の確認も必要である。

　テーパ形状の確認の仕方も含めて実際の研削作業は以下の通りである。

(1) 粗研削

① 円筒研削盤に電源を入れ、テーブル送り手動・自動切換えレバーを「手動」にする。

② 外研内研選択切換スイッチを「外研」にし、運転準備押しボタンスイッチを押して円筒研削盤の起動を行う。

③ 研削液吐出サイクルスイッチを「自動」にし、砥石軸駆動押しボタンを押して砥石軸を駆動させる。

④ 研削作業を手動で行うために、クランプノブを反時計回りに回して回転往復シリンダと砥石台送りハンドルをフリーにする。

⑤ 研削作業は砥石を前進させて行う。40 mm の早送り前進を行った場合、砥石が工作物に当たらないように砥石台送りハンドルを反時計回りに回して砥石台を十分後退させる。

⑥ 表1を参考にして工作物の周速度を決定し、工作主軸入り・切りスイッチを「入」にする。

⑦ 砥石台調節前進押しボタンスイッチを押し、砥石台早送りを 40 mm 前進させる。砥石台を早送りで前進させる場合には、砥石が工作物等に当たらないように砥石台を十分後退させてから行うようにする。

Ⅷ. 円筒研削作業

⑧ 工作物長さに応じた行程をトラバース方向切換ドグで決定する。この時、工作物が砥石幅の 2/3 から 3/4 程度はすれるようにドグを調節する必要がある。

⑨ テーブル送り手動・自動切換えレバーを自動に切り換えてトラバース運動を行う。

⑩ テーブルのトラバース速度をトラバース速度調整ノブで決定する。その時、砥石幅の 2/3 から 3/4 程度でテーブルが送れるように速度を設定する。

⑪ 工作物に応じてテーブルをトラバースさせるために両端のタリー時間を左右タリー時間調整ノブで調整する。工作物が 1 回転から 2 回転する間にテーブルが停止するように設定することが目安だが、加工精度に影響を及ぼすので注意が必要である。

⑫ 砥石台送りハンドルを操作し、砥石が工作物の外周に触れるように前進させてゼロセットを行う。ゼロセット後、工作物の全面の研削を行うが、砥石が工作物の両端または左か右に来た時に切込みを行う。1 回の切込み量は 0.02 mm から 0.04 mm 程度である。工作物の形状、取付け状態や砥石の状態により切込み量は変わる。0.02 mm でも切込みが大きな場合があるので注意する。砥石台ハンドルによる砥石台の前進操作は、砥石台早送り前進端以外では行わない。

⑬ 砥石台戻り押しボタンスイッチを押し、砥石台の早送り後退を行う。マイクロメータで工作物の寸法を測定し、仕上げ寸法に対し 0.05 mm 程度の仕上げ代を残して粗研削を終了する。

（2）テーパの修正（写真 3）

寸法測定時にテーパがついている場合には修正が必要である。

① テーブル両端の固定レバーを緩める。

② テーパ補正量に対するダイヤルゲージの値を銘板より読み取る（**写真 4**）。

③ ダイヤルゲージの値を読み取り、テーブル旋回ハンドルを回しテーブル角度を微調整する。

外径研削

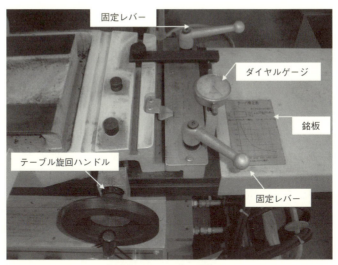

写真3 テーブルの旋回

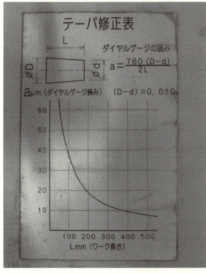

加工長さ 400mm で両端寸法差 0.01mm を補正する場合は、ダイヤルゲージの指針が 0 から 0.009mm を示すまでテーブルを旋回させる。

写真4 銘板

④ 固定レバーを締め付け、工作物を試し研削した後に測定しテーパ量を確認する。工作物が水平にならない場合は、①から③までの手順を繰り返す。

(3) 仕上げ研削

① 表1から工作物の回転速度を設定する。

② テーブルの速度は工作物の1回転当たり砥石幅の1/8から1/4程度送れるように調節する。粗研削の時より細かくなる。タリー時間の調節があれば合わせて行う。

③ 指定された表面粗さに合わせて仕上げ用に砥石のドレッシングを行う。

④ 1回の切込み量を0.0025～0.01 mmとして、時々工作物の測定を行いながら仕上げ研削を行う。砥石のドレッシング時に目を細かくした場合、研削焼けが発生することがあるので注意が必要である。

⑤ 図面通りの寸法になればスパークアウト研削を行う（**写真5**）。**スパークアウト研削**とは、切込みを与えずに2、3回往復させる方法である。研削作業では砥石が逃げている場合も考えられるので、火花が出なくなるまでスパークアウト研削を行う。

⑥ 工作物の形状、寸法や表面粗さなどが指示された状態になれば研削作業は終了である。次回の研削作業の時、砥石台を早送り前進中に砥石が工作物に当たらないように「研削代＋空研削代」だけ後退させる。工作物は錆びないように防塵油を塗っておく。

写真5　スパークアウト研削

テーパ研削

円筒研削作業におけるテーパ研削は、トラバース研削と同様に行う。

工作物は、心押し台を移動した後にセンタ穴を清掃して両センタに取り付ける。

テーパ研削時には、研削盤の旋回テーブルを回転させる必要がある。テーブルの旋回は、トラバース研削でテーパを修正した場合に説明した方法と同様に行う。テーブルは旋回しているので、テーブルストロークの調整時は、くれぐれも砥石を心押し台にぶつけないように注意する。

テーパ研削作業の場合もトラバース研削を行った場合と同様に粗研削と仕上げ研削を行う。

粗研削が終了したなら、糸面取りを行って工作物を両センタから取り外し、工作物をきれいに掃除して光明丹などをテーパ部に帯状に薄く塗り、テーパの当たりを見る。テーパの当たりを見る場合は、テーパゲージをウエスなどで、切りくずを挟まないようにきれいに清掃し、その中に工作物を挿入する。工作物をゲージに挿入したら、工作物をゲージに押しつけながら静かに回転させて元に戻す。

その後、工作物を抜き取り、テーパ部分の当たりを調べる（図1）。例えば、光明丹の色が小径部で濃い場合は、テーパの大径部が強く当たっている場合である。テーパの大径部分が強く当たるのは、テーブルの傾き角度が大きすぎる場合である。光明丹の色が大径部で濃い場合は、テーパの小径部が強く当たっ

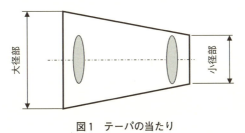

図1　テーパの当たり

Ⅷ. 円筒研削作業

写真1 テーパとテーブルの傾き

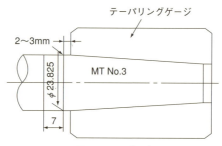

図2 テーパ測定

ている場合で、テーブルの傾き角度が小さすぎる場合である。テーパ全面がゲージに一様に当たるようにテーブルの傾きを調節する（**写真1**）。

テーブルの傾きを調節した後、テーパゲージと工作物の隙間を測定し、その隙間が所要の値になるまで粗研削を行う。図2に示すように寸法（隙間）を測定する。

粗研削が終了したら仕上げ用のドレッシングを行い、テーパ部分の仕上げ研削を行う。

仕上げ研削後は、テーパの当たりと隙間を再度確認する。

円筒研削作業では、テーパの強い工作部は研削できないので注意が必要である。

索引
(五十音順)

あ 行

- 亜共析鋼 …………………121
- アルミニウム合金 …………139
- エマルション ………………153
- 延性材料 ……………………118
- 円筒研削 …………………42、183
- 円筒研削盤………… 2、42、185
- 応力除去焼なまし …………126
- オーステナイト ……………120
- オーステナイト系ステンレス鋼 136

か 行

- 過共析鋼 ……………………124
- 加工硬化 ……………………129
- 加工変質層 …………………129
- 硬さ …………………………116
- 褐色アルミナ質砥粒…………26
- 活性極圧形 …………………153
- 完全焼なまし ………………126
- 機械研削 …………19、39、42
- 機械構造用合金鋼 …………132
- 機械構造用炭素鋼 …………131
- 気孔……………………………21
- 球状化焼なまし ……………126
- 球状黒鉛鋳鉄 ………………137
- 共析 …………………………123
- 共析鋼 ………………………123
- 極圧添加剤 …………………153

- クリープフィード研削………56
- 携帯用グラインダ……………40
- 結合剤 …………………21、29
- 結合度 ……………21、28、65
- 結晶 …………………………122
- 結晶粒界 ……………………122
- ケレ ……………………43、192
- 研削加工 …………………15、19
- 研削性 ………………………113
- 研削砥石 ………………20、144
- 研削盤 …………………………39
- 合金工具鋼 …………………134
- 工具研削盤 …………………51
- 硬質物質 ……………………128
- 黒色炭化ケイ素質砥粒………26
- コンセントレーション………35

さ 行

- 最高使用周速度 ………………31
- 材料記号 ……………………114
- サインバー …………………177
- サーメット …………………143
- 軸受鋼 ………………………135
- 自由研削 ………19、39、40
- 潤滑油 …………………………91
- 純鉄 …………………………115
- 状態図 ………………………120
- シリケート ……………………30
- 水溶性切削油剤 ………153、155

索　引

すくい角 …………………………… 16
スコヤ ……………………………… 173
スコヤマスタ ……………………… 173
スティックスリップ ……………… 191
スティック砥石 …………………… 110
ステンレス鋼 ……………………… 135
スパークアウト研削 ……………… 200
スピードストローク研削 ………… 57
脆性材料 …………………… 118、142
精密バイス ………………………… 167
切削加工 …………………………… 15
切削油剤 …………………… 91、151
接触弧 ……………………………… 183
セメンタイト ……………………… 123
創成法 ……………………………… 54
組織 ………………………… 29、69
ソリューション …………………… 153
ソリューブル ……………………… 153

た　　行

打音検査 …………………………… 76
対向二軸平面研削盤 ……………… 49
体心立方格子 ……………………… 120
ダイヤモンド砥粒 ……… 26、33、144
立て軸回転テーブル形平面研削盤
　………………………………………49
立て軸角テーブル形平面研削盤 … 49
タリー時間 ………………………… 190
炭化ケイ素質砥粒 ………………… 26
炭素工具鋼 ………………………… 134
チタン合金 ………………………… 141
鋳鉄 ………………………… 115、136
超硬合金 …………………………… 142

超砥粒 ……………………… 33、144
超砥粒ホイール …………… 33、108
直角度 ……………………………… 173
ツルーイング ……………… 96、187
鉄鋼 ………………………………… 114
鉄－炭素系平衡状態図 …………… 120
テーパ研削 ………………………… 201
テーブルトラバースカット ……… 44
電着法 ……………………………… 30
動バランス装置 …………………… 99
砥石トラバースカット …………… 44
銅合金 ……………………………… 140
トラバース研削 ……… 43、144、197
ドレッサ …………………… 101、187
ドレッシング …… 68、101、108、187
砥粒 ………………………… 21、25、67
砥粒率 ……………………… 21、29

な　　行

内面研削盤 ………………………… 50
ヌープ硬さ ………………………… 26
ねじ研削盤 ………………………… 52
ねずみ鋳鉄 ………………………… 136
熱処理 ……………………………… 125
熱伝導率 …………………………… 119

は　　行

破壊回転周速度 …………………… 32
鋼 …………………………………… 115
歯車研削盤 ………………………… 52
パーライト ………………………… 123
バランス装置 ……………………… 83
万能研削盤 ………………………… 45

白色アルミナ質砥粒 …………………26
ビッカース硬さ試験 …………………117
引張強さ ………………………………118
非鉄金属 ………………………………138
ビトリファイド ………………………29
ファインセラミックス ………………143
フェライト ……………………………120
不活性極圧形 …………………………153
不水溶性切削油剤 ……………………153
フランジ …………………………77、79
プランジ研削 …………………43、195
ブリネル硬さ試験 ……………………117
ブレーキ制御式ドレッシング ………108
平行クランプ …………………………171
平面研削 ………………………………46
平面研削盤 ………………………1、46
変態 ……………………………………120

ま　行

マグネシウム合金 ……………………141
マグネットチャック …………………161
マーグ方式 ……………………………54
マルテンサイト系ステンレス鋼 ……136
目こぼれ …………………………61、62
メタルボンド …………………………30
目つぶれ …………………………61、64
目づまり …………………………61、69
面心立方格子 …………………………120
モディフィケーション ………………33

や　行

焼入れ …………………………………126
焼なまし ………………………………126

焼ならし ………………………………125
焼戻し …………………………………126
油圧油 …………………………………90
油性形 …………………………………153
溶融アルミナ質砥粒 …………………26
横軸回転テーブル形平面研削盤 ……46
横軸角テーブル形平面研削盤 ………46

ら　行

ライシャワー方式 ……………………54
ラバー …………………………………30
立方晶窒化ホウ素砥粒 ………………26
粒界 ……………………………………122
粒度 ………………………………21、27
両頭グラインダ ………………………40
緑色炭化ケイ素質砥粒 ………………26
レジノイド ……………………………30
ロックウェル硬さ試験 ………………117
ローラー式バランス装置 ……………83
ロール研削盤 …………………………45

英　字

A 砥粒 …………………………………26
C 砥粒 …………………………………26
cBN 砥粒 …………………26、33、144
ELID 研削 ……………………………56
GC 砥粒 ………………………………26
HEDG …………………………………58
WA 砥粒 ………………………………26

研削作業　ここまでわかれば「一人前」　　　　　　　　　　　　　　　NDC 532.5

2016年1月28日　初版1刷発行

（定価はカバーに表示してあります）

Ⓒ　編著者　　永野善己
　　発行者　　井水治博
　　発行所　　日刊工業新聞社

〒103-8548　東京都中央区日本橋小網町14-1
電話　編集部　東京　03-5644-7490
　　　販売部　東京　03-5644-7410
　　　FAX　　　　　03-5644-7400
振替口座　00190-2-186076
URL　　http://pub.nikkan.co.jp/
e-mail　info@media.nikkan.co.jp

印刷・製本　新日本印刷㈱

落丁・乱丁本はお取り替えいたします。　2016 Printed in Japan
ISBN 978-4-526-07499-8

本書の無断複写は、著作権法上での例外を除き、禁じられています。